バードウォッチングに行こう！

# 富山の探鳥地

アオサギ（写真：柴田　樹）

松木鴻諮 編

桂書房

# 富山の探鳥地位置図

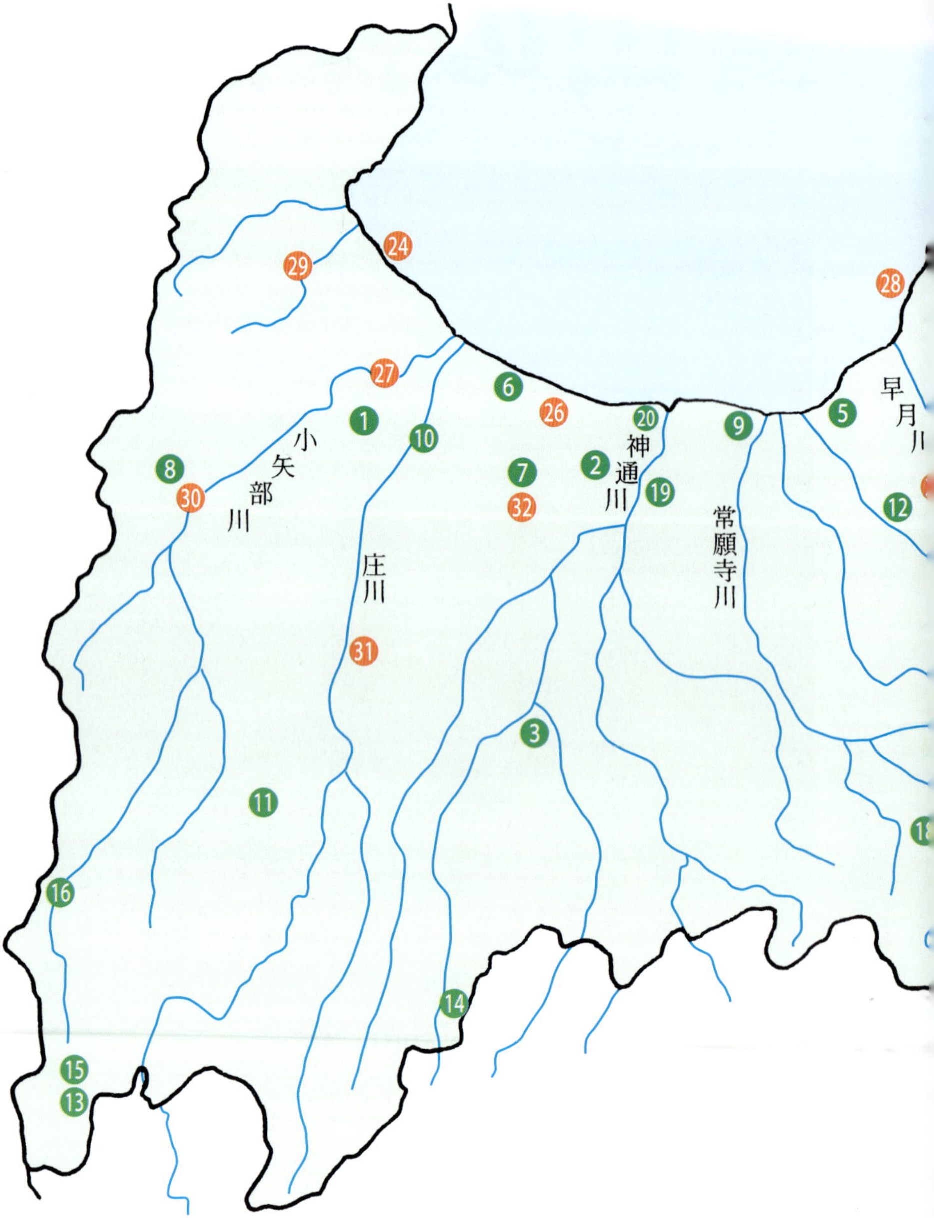
24
29
28
27
早月川
6
26
20
9
5
1
10
小矢部川
神通川
8
7
2
19
30
32
12
常願寺川
庄川
31
3
11
16
14
15
13

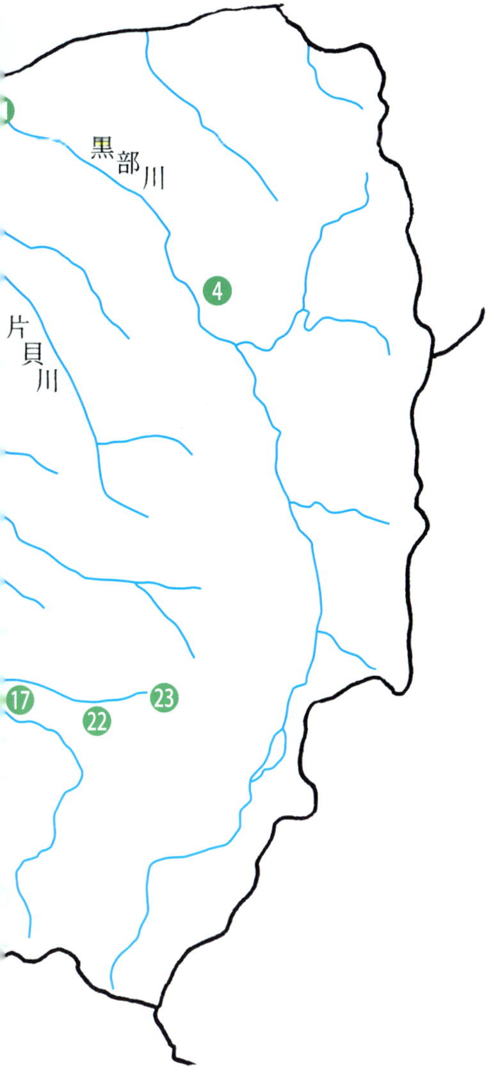


1. 高岡古城公園鳥獣保護区
2. 呉羽山鳥獣保護区
3. 城ケ山公園
4. 墓ノ木自然公園
5. 行田公園
6. 海王バードパーク
7. 野鳥の園鳥獣保護区
8. 宮島峡鳥獣保護区
9. 常願寺川河口鳥獣保護区
10. 庄川下流鳥獣保護区
11. 縄ヶ池鳥獣保護区
12. 片地の池
13. 桂湖
14. 21世紀の森
15. ブナオ峠
16. 刀利ダム
17. 立山美女平・ブナ坂
18. 有峰鳥獣保護区
19. 富岩運河環水公園
20. 神通川河口鳥獣保護区
21. 黒部川河口鳥獣保護区
22. 立山弥陀ヶ原・松尾峠
23. 立山室堂平
24. 氷見海岸鳥獣保護区
25. 早月川・蓑輪地区
26. 富山新港第２貯木場
27. 小矢部川・二上橋下流域
28. 魚津海岸
29. 十二町潟水郷公園
30. 小矢部川・茅蜩橋下流域
31. 福山大溜池
32. 田尻池鳥獣保護区

# 発刊によせて

富山県ナチュラリスト協会
会 長 志村 幸光

このたび『バードウォッチングに行こう！　富山の探鳥地』の発刊によせて、巻頭言を書くようにと依頼がありました。私ごときにどうして？と思い固辞いたしましたが、富山県野鳥園（射水市海王丸パーク内）でのバードマスター当番の時に、松木氏から鳥について多くの知見を得たこともあり、引き受けることとなりました。

彼が野鳥の生態や特徴を熱く語る様子からは、並々ならぬ野鳥の保護思想が根底にあることをいつも感じていました。2005年６月には、「鳥たちの戦略」という写真集を出され、鳥の生態や体の仕組みなどについて解りやすく紹介されました。今度出版されたこの本はその続編とも言うべきもので、視点を変えて富山県内の探鳥地をテーマとし、ネットワークを駆使して多くの方々のご協力を得て、松木氏が執筆・監修されたものです。

近年自然志向の高まりと共に、野鳥への関心も高まっていると感じます。松木氏はそれぞれの探鳥地に、いく度となく足を運び、丹念に調査された結果がこの本にまとめられています。バードウォッチャーにとっては、必携の書ではないかと思います。

私自身、自然解説をしていると野鳥をテーマとすることが多く、自然観察の柱のひとつです。自然の中に入り耳を傾け、その鳴き声を聴いたり、その姿を見たりすると、参加者の野鳥への関心が一層高まります。その際には、森と野鳥の関わりについて考えてもらったり、夏鳥や冬鳥の渡り、日本に一年中いる留鳥などについても、その特徴的な行動を話題にし、興味を引き出すように努めています。自然解説をするナチュラリストにとっても、この本は、おおいに参考になるものと確信しております。読者の行動範囲が広まり、さらに多くの野鳥たちとの出合いを通じて、野鳥と自然保護思想が浸透していくことを念願しています。

# はじめに

富山県では、これまでに２冊の探鳥地ガイドブックが出版されています。

１冊は、1983年に富山県野鳥保護の会によって出版された『とやまの探鳥』です。27ヶ所の探鳥地が紹介されました。もう１冊は、1997年に日本野鳥の会富山県支部から出版された『富山でバードウォッチング』です。36ヶ所の探鳥地が紹介されました。

この本では、32ヶ所の探鳥地を掲載しました。そのうち19ヶ所には、イラストマップを付けました。探鳥地は、おすすめの時期が早いものから順番に並べました。おすすめの時期に、探鳥地の掲載順に出かけてもらうのが良いと思います。それぞれの探鳥地には、代表的な鳥の写真を大きく掲載し、写真を見ていただくだけで探鳥気分が楽しめる本としました。

巻末には、富山県鳥類生態研究会と日本野鳥の会富山（調査部）の協力を得て、最新の富山県鳥類目録を掲載しました。富山県で記録が少ない鳥については、それぞれの観察記録を掲載し、初心者だけでなく中級以上のバードウォッチャーにも役立つ本となるようにしました。

本書が、富山県で野鳥を観察するための手引きの一助となることを願っています。

2012年10月

松木　鴻諮

メジロ（絵：佐々木志真）

# 目　次


発刊に寄せて……………………………　富山県ナチュラリスト協会会長　志村　幸光… 4

はじめに…………………………………………………………………………………… 5

バードウォッチングに出かけよう……………………………………………………… 8

**春〜夏・子育て中の鳥たちを見に行こう!!**

❶ 高岡古城公園鳥獣保護区 ……………………………………………… 12

❷ 呉羽山鳥獣保護区 ………………………………………………………… 16

❸ 城ケ山公園 ………………………………………………………………… 20

❹ 墓ノ木自然公園 …………………………………………………………… 22

❺ 行田公園 …………………………………………………………………… 28

❻ 海王バードパーク ………………………………………………………… 32

コラム 1　富山新港東西埋立地に渡来したチドリ類・シギ類について　………… 36

❼ 野鳥の園鳥獣保護区 ……………………………………………………… 40

コラム 2　富山市古洞池　県民公園野鳥の園 ……………………………… 44

コラム 3　古洞池のタンキリ網（谷仕切網）………………………………… 44

❽ 宮島峡鳥獣保護区 ………………………………………………………… 46

❾ 常願寺川河口鳥獣保護区 ………………………………………………… 52

コラム 4　一妻多夫で繁殖する鳥…………………………………………… 58

❿ 庄川下流鳥獣保護区 ……………………………………………………… 60

⓫ 縄ケ池鳥獣保護区 ………………………………………………………… 66

⓬ 片地の池 …………………………………………………………………… 72

⓭ 桂湖 ………………………………………………………………………… 76

コラム 5　フクロウ類とミゾゴイの生息状況について……………………… 78

⓮ 21世紀の森………………………………………………………………… 84

⓯ ブナオ峠 …………………………………………………………………… 86

⓰ 刀利ダム …………………………………………………………………… 87

⓱ 立山美女平・ブナ坂 ……………………………………………………… 88

⓲ 有峰鳥獣保護区 …………………………………………………………… 90

⓳ 富岩運河環水公園 ………………………………………………………… 94

⓴ 神通川河口鳥獣保護区 …………………………………………………… 96

㉑ 黒部川河口鳥獣保護区 …………………………………………………… 98

㉒ 立山弥陀ケ原・松尾峠 …………………………………………………102

㉓ 立山室堂平 ………………………………………………………………106

コラム 6　立山のライチョウについて ……………………………………108

## 秋～冬・越冬している鳥たちを見に行こう!!


㉔ 氷見海岸鳥獣保護区 …… 110
㉕ 早月川・蓑輪地区 …… 116
㉖ 富山新港第２貯木場 …… 117
㉗ 小矢部川・二上橋下流域 …… 118
㉘ 魚津海岸 …… 119
㉙ 十二町潟水郷公園 …… 120
㉚ 小矢部川・茅蜩橋下流域 …… 122
コラム 7 有害鳥獣の捕獲について …… 123
㉛ 福山大溜池 …… 125
㉜ 田尻池鳥獣保護区 …… 126

富山県鳥類目録 …… 128
引用・参考文献 …… 150
あとがき …… 151
著者紹介 …… 152

ヒバリ（写真：上野久芳）

# バードウォッチングに出かけよう

バードウォッチングを一度体験してみたいという方に先ずお薦めなのは、海王バードパーク（射水市海王町）である。入場料は無料、普通の服装で気楽に出かけることができる。海王丸パーク内（射水市海王町）の施設の一つで西側に位置する。約1.7haの人工池を中心に、約4.6haが野鳥のためのサンクチュアリ（聖域）に指定されている。１年中野鳥が多く、カイツブリ・バン・オオバン・アオサギ・ケリ・キジ・カモ類・カモメ類、時にはミサゴ・オオタカ・チュウヒ・ハヤブサなどの猛禽類なども見ることができる。観察センター２階には、野鳥解説パネル・望遠鏡・野鳥図鑑などが設置されており、初心者でも自由に野鳥観察ができるようになっている。富山県野鳥解説指導員（バードマスター）が、野鳥の解説をしてくれる土・日曜日や祝祭日に出かけるのが良いだろう。→詳細は、本文の⑥海王バードパークを参照のこと。

また、公益財団法人日本野鳥の会富山や公益財団法人日本鳥類保護連盟富山県支部が開催している探鳥会に参加してみるのも良いだろう。服装やフィールドマナーには気を配る必要があるが、初めから双眼鏡や望遠鏡を用意する必要はない。

**服装について**

1．派手な色の服装は避けて、緑色や茶色系で動きやすくゆったりとした服装で出かける。

2．黒色の服装は、熊と間違われてスズメバチに襲われることがある。

3．虫刺されやケガを防ぐため、長袖・長ズボンで出かける。

4．強い日差しを防ぐ帽子やサングラス・寒い季節の防寒具・携帯カイロなどを用意する。

5．履きなれた運動靴・軽登山靴・長靴など、出かける場所に合わせて選ぶ。

海王バードパーク観察センター

## 持ち物について

1．双眼鏡は、８倍程度のものがお薦めである（８×25CF・８×30CF・８×40CFというようなタイプのものが良い)。一流メーカーで、定価が２万円から５万円程度のものが一般的によく使われている。
2．遠くのものを見る時は、直視型望遠鏡がお薦めである。倍率は20～30倍程度のものが良い。一流メーカーで、定価が５万円から10万円程度のものが一般的によく使われている。定価が１万５千円から２万円程度の三脚が必要になる。
3．野鳥図鑑は、書店で自分にあったものを選ぶ。1,000円～2,000円程度で買える。少し高価だが、山渓ハンディ図鑑『日本の野鳥』(叶内拓哉・上田秀雄・安部直哉。定価4,179円)の増補改訂新版はとても詳しくてお薦めである。
4．その他、食料・リュック・雨具・水筒・筆記用具・タオル・ティッシュ・地図・コンパス・消毒薬・バンソウコウ・虫除け・日焼け止め・ゴミ袋などを用意する。

## フィールドマナーについて

1．鳥の雛や巣に近づかない。
2．草花や小動物を採集しない。
3．大きな声で騒いだり、大きな音をたてないようにする。
4．他人の所有地には勝手に入らない。
5．持ってきたゴミは持ち帰る。

## 富山県の野鳥関係団体の連絡先

公益財団法人 日本野鳥の会富山

事務局；〒930-0115 富山市茶屋町847 高畑晃 方

ＴＥＬ 076-436-5469 ＦＡＸ 076-436-5464

http://wbsjtoyama.web.fc2.com/

公益財団法人 日本鳥類保護連盟富山県支部

事務局；〒939-2632 富山市婦中町１－１ 富山県自然博物園ねいの里

ＴＥＬ 076-469-5252 ＦＡＸ 076-469-5865

富山県鳥類生態研究会

事務局；〒934-0012 射水市中央町9-25 松木鴻諮 方

ＴＥＬ 0766-84-7410（※入会には会員の推薦が必要）

http://homepage2.nifty.com/toyama-toriken/

# 春～夏

## 子育て中の鳥たちを見に行こう!!

サンコウチョウ（絵：佐々木志真）

## ① 高岡古城公園鳥獣保護区（高岡市古城）

おすすめ観察時期：３月下旬
観察時期：１年中

約400年前、加賀藩二代目藩主前田利長の隠居城として築かれた高岡城の城跡である。ソメイヨシノ・ヤマモミジ・ヤブツバキ・カエデなど、約35,000本の木がある。周囲が堀で囲まれ自然豊かな公園であることから、約23haが富山県の鳥獣保護区に設定されている。『高岡古城公園の自然』（高岡生物研究会・高岡地学研究会1985年）では、フクロウ類など107種が報告されている。また、年間を通して約100種の野鳥が観察される。

車は、公園の北側にある小竹藪駐車場に停めるのが良い。西側の階段から上ろう。途中、左側の桜の木では、ウソの群れが桜の芽をついばんでいることがある。階段を上ったら、芝生の広場を左にして右の道を進み、中の島へ向かおう。途中、エナガ・ヤマガラ・シジュウカラなどのカラ類のほかに、シィーと鳴いて地面から飛び立つシメが見られるだろう。

右に坂を下りて橋を渡ると中の島である。左の道を進もう。左側にある水路では、カワセミが枝にとまって魚を狙っていることがある。水路の向こうの遊歩道では、ルリビタキ・ジョウビタキ・シロハラが見られることもあるので要注意だ。中の島にはカエデの木が多いので、アトリの群れが見られることもある。東側にある橋に出たら、池を見渡してみよう。カルガモの群れのほかにカイツブリがいることがある。

橋を渡って階段を上って行く途中には、カラ類のほかに、低木の周りで餌を探しているシロハラやトラツグミが見られることもある。坂を上ったら、梅園へ向かう。梅園では、花の蜜を舐めているメジロが見られることがある。周囲のカエデの木では、アトリが見られることがよくある。

階段を下りて朝陽橋を渡る。橋の上からは、繁殖に向けて縄張りを飛び回るカワセミが見られるかもしれない。朝陽橋を渡ったら、左の道を上って行こう。相撲場までは、落ち着いた雰囲気の遊歩道となっている。桜の木では、コゲラをよく見かける。巣箱では、シジュウカラやヤマガラが営巣していることもある。

相撲場から左へ曲がり、博物館のところでさらに左へ曲がると、右側に池が広がる。枡形濠と名付けられている所である。ゴイサギ・ダイサギ・コサギなどが見られる。動物園・市民体育館・梅園の前を通って小竹藪の広場に出たら、桜の木で虫を捕るカラ類を見ながら小竹藪駐車場へ戻ろう。

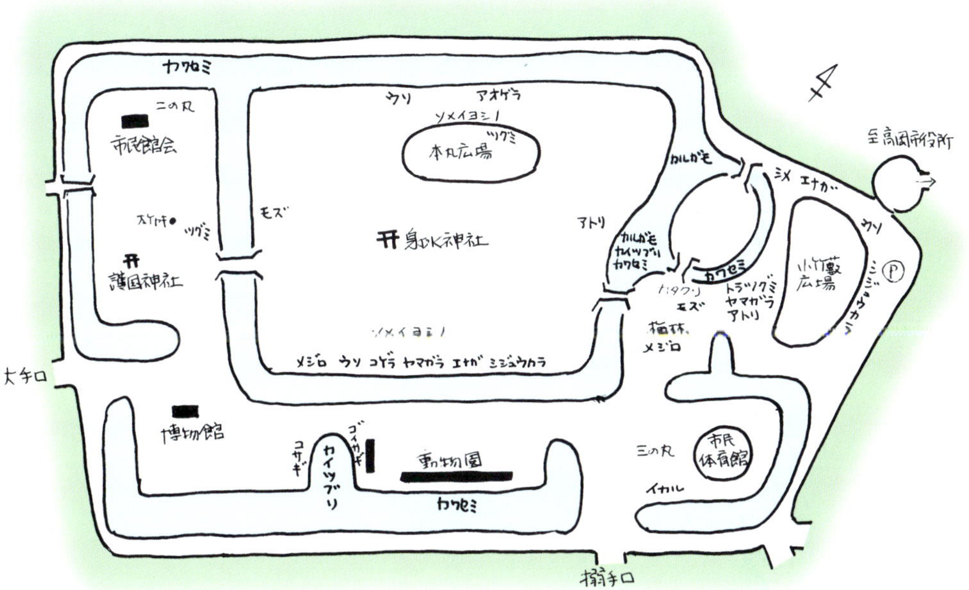

高岡古城公園

次頁：カワセミ（写真：松木鴻諮）

## ② 呉羽山鳥獣保護区（富山市安養坊）

おすすめ観察時期：４月上旬から５月上旬
観察時期：１年中

呉羽丘陵は、富山県のほぼ中央、富山市街の西側にある。全長約22km、呉羽山断層によってできた丘陵地である。県道44号の北側に呉羽山（標高76.8m）、南側に城山（標高145.3m）がある。コナラ・ヒサカキ・カエデ類・ソメイヨシノ・スギなどの雑木林となっており、呉羽山・城山を中心に約450haが富山県の鳥獣保護区に設定されている。

ＪＲ富山駅から西へ約2.5km、神通川にかかる神通大橋を渡って約１km行くと呉羽山に着く。頂上付近には、遊歩道・展望台などが整備されている。展望台からは、立山連峰を背景に富山市内を一望できる。桜の名所で、３月下旬にはエドヒガン、４月上旬にはソメイヨシノ、４月中旬にはヤマザクラなど、いろいろな桜を楽しめる。

呉羽山の山頂付近に、国土交通省呉羽山無線中継所の大きな鉄塔がある。鉄塔の近くには桜広場展望台が整備されている。車は、この展望台の駐車場に停めるのが良い。桜広場から立山連峰や富山市街地を見渡した後は、じっくりと桜広場を回ってみよう。

先ず気づくのは、桜の花の蜜を舐めにきたヒヨドリとメジロだろう。メジロは、数十羽の群れで花から花へと移動して行くので目立つ。ヤマガラとシジュウカラは、大きな声でさえずっている。ヤマガラはゆっくりとツツピー・ツツピー、シジュウカラはヤマガラよりもはやくツツピ・ツツピとかツイチチ・ツイチチとさえずる。ギィーという声が聞こえたらコゲラである。木の幹や枝に張り付くように移動して行くので、じっくりと探そう。時々ジュリ・ジュリと鳴いて、巣材や雛に与える虫を運んでいるエナガの夫婦も見られる。

桜広場を見たら、尾根沿いに北へ歩こう。４月下旬から５月上旬の渡りの季節には、ヤマガラ・シジュウカラ・アオゲラ・コゲラ・ヒヨドリ・モズ・ウグイス・メジロ・カワラヒワなどのほかに、冬鳥のツグミ・シロハラ・アオジ、夏鳥のコマドリ・コルリ・ヤブサメ・エゾムシクイ・センダイムシクイ・キビタキ・オオルリ・コサメビタキ・ビンズイなど、多くの野鳥に出会えるだろう。金毘羅神社の前の階段を下りて、長慶寺五百羅漢を歩いてみるのも良い。

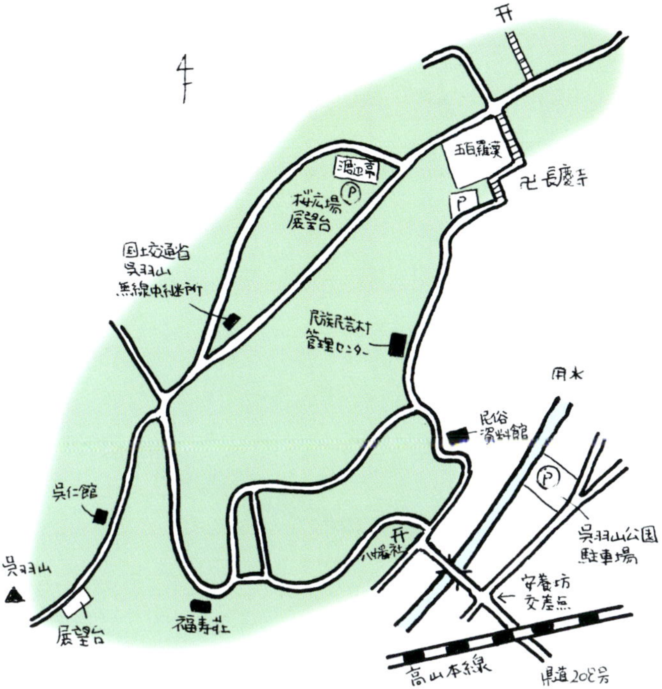
五百羅漢
卍 長慶寺
P
P
桜広場
展望台
国土交通省
呉羽山
無線中継所
民族民芸村
管理センター
用水
民俗
資料館
P
呉羽山公園
駐車場
呉仁館
八幡社
安養坊
交差点
呉羽山
展望台
福寿荘
高山本線
県道208号

呉羽山五百羅漢

上：コゲラ（写真：松木鴻諮）、下：ウグイス（写真：樋口雅彦）

上：エナガ（写真：松木鴻諮）、下：アカハラ（写真：松木鴻諮）

## ③ 城ヶ山公園（富山市八尾町諏訪町）

おすすめ観察時期：４月下旬から５月上旬
観察時期：４月上旬から12月下旬

約650年前、南北朝時代の武将諏訪左近が城を構えていたことから城ヶ山と呼ばれるようになった。山頂一帯は眺望に優れ、立山連峰・富山平野・富山湾を望むことができる。山の斜面には、ソメイヨシノ・ヤマザクラなど約30種・約1,000本の桜が植えられており、春には花見客で賑わう。

富山市八尾町東町地内において、国道472号から北陸銀行駐車場角を曲がる。八尾体育館横を通って左に曲がり、細い道を上って行く。池の前を通り過ぎると、右側に駐車場がある。ここで車を停めたら、周辺にある梅や桜の木をよく見てみよう。メジロ・ヒヨドリが、花の蜜を舐めているはずだ。階段を上って行くと、右側にあじさいの丘展望台がある。ここでは、キビタキがよくさえずっている。さらに階段を上って行くと、芝生の広場に出る。ここでは、ヒレンジャクやキレンジャクの群れが見られることがある。さらに上って行くと、展望台に出る。見晴らしがとても良いので、展望台に上ってみるのも良い。展望台から、来た道を少し戻って坂道を下ると、桜や椿の木が植えられている斜面に出る。桜には、メジロ・ヒヨドリのほかに、虫を捕っているセンダイムシクイ・オオルリ・コサメビタキ・シジュウカラ・ヤマガラなどが見られる。桜の斜面を充分に散策したら、バーベキューコーナーの方まで歩いてみるのも良い。

メジロ（写真：松木鴻諮）

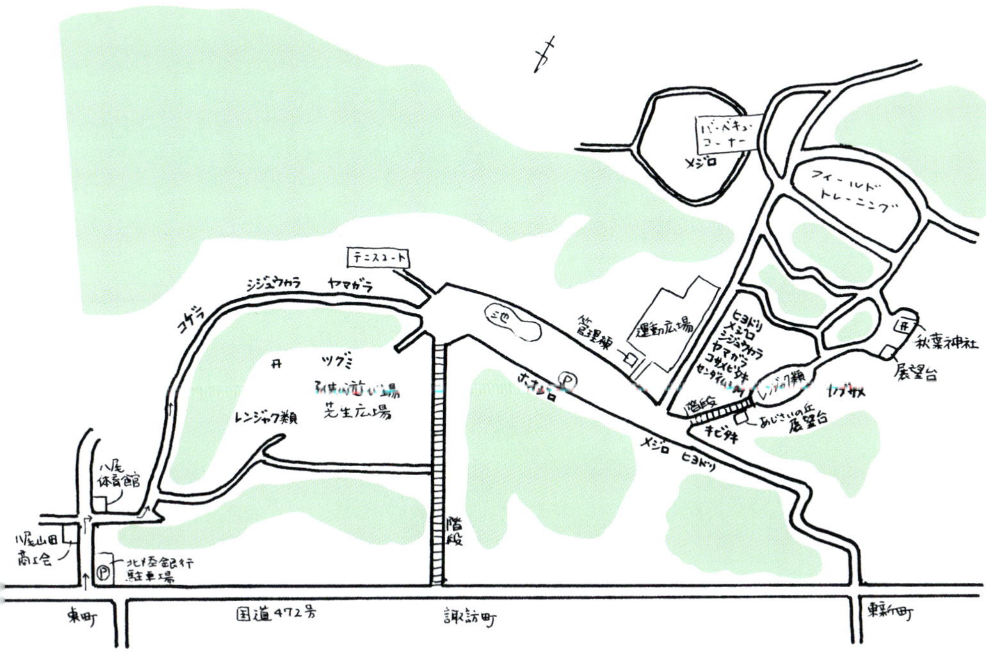
北
バーベキューコーナー
メジロ
フィールドトレーニング
テニスコート
シジュウカラ
ヤマガラ
コゲラ
池
管理棟
運動広場
ヒヨドリ
メジロ
シジュウカラ
ヤマガラ
コサメビタキ
秋葉神社
展望台
ツグミ
子供の遊び場
芝生広場
レンジャク類
レンジャク類
ヤブサメ
階段
あじさいの丘展望台
キビタキ
メジロ
ヒヨドリ
八尾体育館
八尾山田商工会
北陸銀行駐車場
階段
東町
国道472号
諏訪町
東新町

城ヶ山公園

## ④ 墓ノ木自然公園（下新川郡入善町墓ノ木）

おすすめ観察時期：４月下旬から５月上旬・10月下旬から11月上旬
観察時期：３月中旬から12月下旬

黒部川の河口から約13km上流にある。黒部川扇状地の扇頂部に位置し、河川敷を利用して約22haがキャンプ場など公園として整備されている。

エゾクロウメモドキ・イヌアワ・モチヅキザクラ・ヒキヨモギ・コゴメヤナギなどの群落があり、豊かな自然植生となっている。スズメ目など、日本海側を渡る小鳥たちの重要な中継地となっており、これまでに約130種の鳥類が記録されている。４月下旬から５月上旬には、県内外から多くのバードウォッチャーが訪れる。

黒部川の新川黒部橋（宇奈月町浦山地区・新川スーパー農道）から上流へ、右岸側堤防上の道路を約２km行き、右に曲がると正面に駐車場がある。車はここに停めるのが良い。

４月27日頃から５月２日頃まで、春の渡りのピークに行くのが一番面白い。５月３日から５日までは、キャンパーが多いのでお薦めできない。キャンプ場を中心に鳥を見るのが良いだろう。枝先から飛び出して、空中の虫を捕っては枝先に戻るヒタキ類はいたる所で見られるだろう。一番よく見かけるのはコサメビタキだが、コサメビタキによく似たサメビタキ・エゾビタキも見られる。上面が濃い青色の鳥がいたらオオルリ雄である。ここでは、10mくらいの距離で簡単に見ることができるので、県外から来たバードウォッチャーも一様に驚く。ヒッ・ヒッ・クルル・クルルと鳴く黒と黄色の鳥がいたらキビタキ雄である。フィッ・フィッと鳴く緑褐色のセンダイムシクイも方々で見かける。高い木の上には、キレンジャク・ヒレンジャクがいることもあるので要注意。黒部川寄りにある水場近くの草地には、クロツグミ・アカハラ・シロハラ・ツグミなどのツグミ類がよく見られる。キャンプ場横を流れる小川では、川の上で虫を捕っているコサメビタキ・オオルリなどのほかに、カワセミ・カワガラス・キセキレイ・セグロセキレイなどが見られる。上空では、ツバメ・イワツバメ・アマツバメなどが見られる。トビ・オオタカ・ハイタカ・ノスリ・ハヤブサなどの猛禽類が飛ぶこともある。

その他、コゲラ・ヒヨドリ・エナガ・シジュウカラ・メジロ・ウグイス・アオジ・アトリ・イカル・シメ・カワラヒワなどがよく見られる。また、ツツドリ・ビンズイ・サンショウクイ・ノゴマ・エゾムシクイ・ノジコ・コムクドリなどが見られることもある。マミジロキビタキ・オジロビタキなど、珍しい鳥の記録もある。

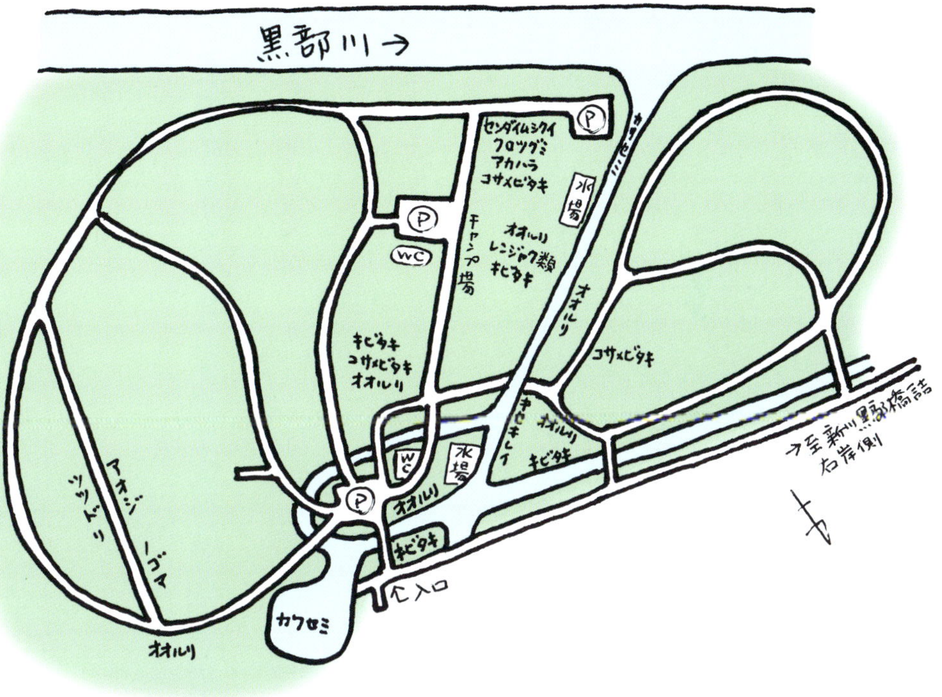
黒部川 →
P
センダイムシクイ
クロツグミ
アカハラ
コサメビタキ
カワセミ
水場
P
WC
キャンプ場
オオルリ
レンジャク類
キビタキ
オオルリ
キビタキ
コサメビタキ
オオルリ
コサメビタキ
キセキレイ
オオルリ
キビタキ
→至新川黒部橋詰
右岸側
WC
水場
P
オオルリ
キビタキ
アオジ
ツツドリ
ノゴマ
↑入口
カワセミ
オオルリ

墓ノ木自然公園

上：オオルリ（写真：松木鴻諮）、下：ノゴマ（写真：松木鴻諮）

上：センダイムシクイ（写真：樋口雅彦）、下：エゾビタキ（写真：柴田樹）　次頁：ツツドリ（写真：松木鴻諮）

## ⑤ 行田公園（滑川市上小泉）

おすすめ観察時期：４月下旬から５月上旬
観察時期：１年中

平安時代に京都祇園社の荘園の一部であったことから祇園田（ぎおんでん）と呼ばれ、やがてなまって「ぎょうでん（行田）」と呼ばれるようになったと言われている。広さは約6.6ha、公園のいたるところで湧水が出ており、「行田の沢清水」と呼ばれている。滑川消防署から西へ約600m、市街地にあるが小川が流れ、ハンノキ・スギ・モウソウチクなどが繁茂していることから、街の中のオアシスとなっている。６月中旬から下旬には、88種類約４万株の花菖蒲が咲く。富山県の滑川特定猟具使用禁止区域（銃）（約689ha）に設定されている。

４月下旬から５月上旬の渡りの季節に行くのが一番良い。渡りの季節には、普段は会えない鳥たちに会える。キジ・アオゲラ・コゲラ・キセキレイ・ハクセキレイ・セグロセキレイ・ヒヨドリ・モズ・エナガ・ヤマガラ・シジュウカラ・メジロ・ホオジロ・カワラヒワ・ムクドリ・オナガなどのほかに、渡りの途中に羽を休めていくシロハラ・ツグミ・ウグイス・センダイムシクイ・キビタキ・オオルリ・コサメビタキ・アオジなどが見られる。また、西側にある滑川市社会福祉センター付近では、カワセミが見られることもある。尚、蚊が多い所なので、対策を充分に考えて行こう。

トラツグミ（写真：樋口雅彦）

イカル（写真：松木鴻諮）

次頁：ルリビタキ（写真：百澤良吾）

## ⑥ 海王バードパーク（射水市海王町）

おすすめ観察時期：３月下旬から６月下旬
観察時期：１年中

国道８号鏡宮交差点から国道472号に入り、北へ約４km行ったところにある。

富山新港西埋立地（約70ha）に造られた海王丸パーク内の施設の一つで、正式名称は富山新港臨海野鳥園である。平成８年（1996年）11月１日に開園した。広さは約4.6ha、中央には約1.7haの淡水池がある。淡水池の南側には臨海野鳥園観察センターと４つの野鳥観察壁、東西にはそれぞれ野鳥観察小屋がある。観察センター２階には望遠鏡が設置してあり、自由に野鳥観察ができるようになっている。開園後、これまでに記録された鳥類は、サギ類・カモ類・タカ類・ハヤブサ類・クイナ類・チドリ類・シギ類・カモメ類・フクロウ類・セキレイ類・ヒタキ類・ホオジロ類・アトリ類など、153種（2012年３月31日現在）である。富山新港一帯は、富山県の富山新港特定猟具使用禁止区域(銃)(約2,958ha）に設定されている。

入園料は無料。休園日は、月曜日・祝祭日の翌日・12月29日～１月３日である。土・日曜日と祝祭日には、富山県から派遣されたバードマスター（富山県野鳥解説指導員)が野鳥の解説をしてくれる。開園時間は、７月から８月は午前９時～午後６時、11月～２月は午前９時～午後４時、その他の月は午前９時～午後５時となっている。

先ず、観察センターから鳥を探すのが良い。３月中旬から下旬になると、ケリが池の中央にある島で営巣を始める。砂利が敷き詰められた辺りを望遠鏡でじっくりと探してみよう。抱卵しているケリを見つけることができるだろう。左奥の樹木林では、アオサギが営巣している。池では、マガモ・コガモ・オカヨシガモ・ヒドリガモ・オナガガモ・ハシビロガモ・ホシハジロ・キンクロハジロなどのカモ類が見られる。日本で珍しいメジロガモが見られたこともある。

３月から７月にかけて、ケリのほかに、カイツブリ・カルガモ・バン・オオバン・コチドリ・トビ・キジ・キジバト・コヨシキリ・オオヨシキリ・オナガ・ハシボソガラスなども営巣する。チュウヒが、葦原で営巣したこともある。バン・オオバンの幼鳥を見るのなら、６月上旬から下旬が良い。

４月下旬から５月下旬にかけて、池の周囲にある樹木林では、渡り途中の小鳥たちが羽を休めていく。アリスイは４月16日頃、キビタキ・コサメビタキ・クロツグミ・エゾムシクイ・センダイムシクイ・アカハラ・オオルリ・ノゴマなどは４月下旬から５月上旬に、メボソムシクイは５月下旬に見られる。また、４月下旬になると、葦原ではコヨシキリ・オオヨシキリも見られるようになる。

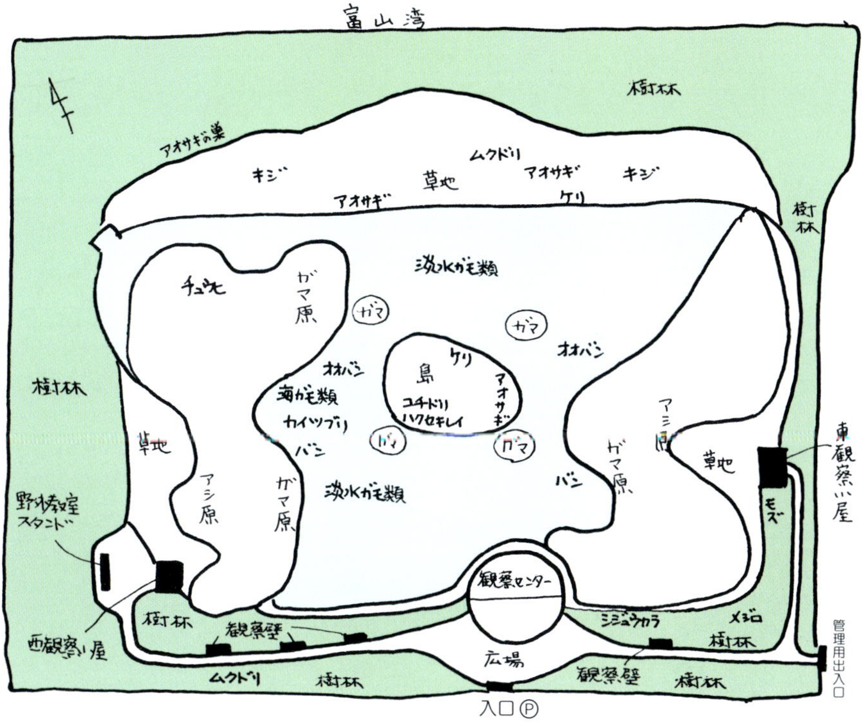
富山湾
樹林
アオサギの巣
ムクドリ
キジ
草地
アオサギ
キジ
アオサギ
ケリ
樹林
チュウヒ
ガマ原
淡水ガモ類
ガマ
ガマ
オオバン
ケリ
島
アオサギ
コチドリ
ハクセキレイ
オオバン
海ガモ類
カイツブリ
ガマ
ガマ
バン
樹林
草地
アシ原
ガマ原
淡水ガモ類
バン
ガマ原
アシ原
草地
東観察小屋
モズ
野鳥教室スタンド
観察センター
西観察小屋
樹林
観察壁
シジュウカラ
メジロ
樹林
管理用出入口
広場
ムクドリ
樹林
観察壁
樹林
入口 Ⓟ

海王バードパーク

上：オオバン（写真：松木鴻諮）、下：ヤマシギ（写真：大菅正晴）

上：オオジュリン（写真：樋口雅彦）、下：ケリ（写真：松木鴻諮）

コラム 1

## 富山新港東西埋立地に渡来したチドリ類・シギ類について

富山新港西埋立地（射水市海王町）は、放生津潟を掘削して造成された富山新港の浚渫土砂を利用して、射水市越の潟町沖を埋め立てて造られた。1974年（昭和49年）から埋め立てが始まり、1986年（昭和61年）に埋め立てが完了した。広さは約70haである。

1979年（昭和54年）、埋め立てが進み、海水池・淡水池・泥湿地・砂地・湿地などの環境となった。この頃より、カイツブリ類・サギ類・ガン類・ハクチョウ類・カモ類・タカ類・ハヤブサ類・チドリ類・シギ類・カモメ類など、多くの鳥類が渡来するようになった。

大きな干潟のない日本海側では、チドリ類・シギ類などの渡りの中継地として重要な場所の一つとなった。松田勉氏（現・富山雷鳥研究会事務局長）の調査結果によると、1981年9月6日は、トウネン738羽・ヘラシギ1羽・アカアシシギ3羽・オグロシギ5羽など、計24種927＋羽であった。1981年9月15日は、オオメダイチドリ1羽・トウネン428羽・ヘラシギ9羽・アカアシシギ9羽・オグロシギ15羽など、計28種684羽であった。1983年9月7日は、メダイチドリ84羽・トウネン424羽・コオバシギ19羽・ヘラシギ10羽など、計20種702羽であった。1983年9月17日は、シロチドリ126羽・トウネン1,022羽・ヘラシギ1羽・キリアイ5羽など、計21種1,335羽であった。1984年9月1日は、ハジロコチドリ1羽・オオメダイチドリ1羽・トウネン352羽・オジロトウネン1羽・サルハマシギ1羽・ヘラシギ1羽・エリマキシギ9羽など、計22種465羽であった。鳥類全体の個体数は、1981年9月6日が計35種2027＋羽、1982年9月15日が計41種969＋羽であった。

埋め立てが完了した頃から乾燥化が進み、草地が増えていった。1986年5月には海水池はなくなり、淡水池・湿地・砂地などとなった。1988年9月15日、淡水池は小さくなり、オジロトウネン・エリマキシギ・ホウロクシギなど計16種60羽だけが観察された。1989年9月15日、淡水池はさらに小さくなり、ウズラシギ・エリマキシギ・キリアイなど、観察されたのはわずか8種だった。

淡水池が小さくなるにつれ、草地・葦原に生息する鳥類は増えていった。1988年12月12日付けで集計した鳥類リスト（163種）には、オジロワシ・ケアシノスリ・オオノスリ・チュウヒ・チゴハヤブサ・コチョウゲンボウ・ウズラ・ヒクイナ・コミミズク・ヤツガシラ・ムネアカタヒバリ・オオヨシキリ・セッカ・ツリスガラ・コジュリン・オオジュリン・ユキホオジロ・ベニヒワ・カササギなど、約60種の鳥類が記載されている。1993年（平成5年）には、西埋立地のほとんどが草地と砂地になり、チドリ類・シギ類の渡来はなくなった。

東埋立地は、1981年（昭和56年）から埋め立てが始まり、1993年（平成５年）に埋め立てが完了した。広さは約90haである。西埋立地の乾燥化が進み、東埋立地の埋め立てが進んだことから、1989年頃より1992年頃まで、東埋立地でもチドリ類・シギ類が見られるようになった。1989年９月15日にはウズラシギ・エリマキシギなど８種、1990年９月15日にはヘラシギ・オグロシギ・ホウロクシギなど19種、1992年９月15日にはヒメウズラシギなど９種が記録されている。（松木鴻諮記）

メダイチドリ（写真：樋口雅彦)）

次頁：アオアシシギ（写真：樋口雅彦）

## ⑦ 野鳥の園鳥獣保護区（富山市三熊）

おすすめ観察時期：４月下旬から５月下旬
観察時期：３月下旬から12月下旬

富山県のほぼ中央にある。北陸自動車道富山西インターから田尻池のそばを通り、県道237号で南へ約4.5km行ったところにある。古洞池を中心に、約98haが富山県の鳥獣保護区に設定されている。1983年、富山県置県百年記念県民公園条例によって県民公園野鳥の園に設定され 、古洞池の周囲に自然散策路（約5.7km）が整備された。古洞ダム横には、古洞の湯など、「自然活用村とやま古洞の森」の施設がある。古洞池の中央部には「どんぐり橋」と富山市天文台がある。

古洞ダム横の駐車場に車を停める。池の北側の遊歩道を通り、先ずは天文台へ向かう。途中、法法華経（ホーホケキョウ）とさえずるウグイス、長兵衛・中兵衛・長中兵衛（ちょうべい・ちゅうべい・ちょうちゅうべい）とさえずるメジロ、一筆啓上仕り候（いっぴつけいじょうつかまつりそうろう）とさえずるホオジロなどに会えるだろう。やや上を向いてさえずるホオジロは雌を獲得した雄で、真上を向いて一生懸命にさえずるホオジロはまだ独身の雄である。

天文台には野鳥観察室などがあるので、立ち寄ってみるのも良い。入館料は高校生以上200円、小・中学生100円・幼児無料（土・日・祝日は小・中学生は無料）である。

天文台の前を通り、坂を下りるとどんぐり橋に出る。橋の中ほどで立ち止まって、池を見渡してみよう。カワウとアオサギが、池の中にある枯れ木で営巣しているのが見えるだろう。枯れ木には、ミサゴやニュウナイスズメがいることもあるので要注意。水面では、ケレレレレと大きな声で鳴くカイツブリや、マガモ・カルガモなどが見られる。橋を渡ると道が二つに分かれる。坂の上で合流するので、どちらの道を行っても良い。左の道は森の中を上っていく。右の道は池に沿って上るので、カワウとアオサギの巣が見える。

尾根まで上ると、小鳥たちの声が聞こえるようになる。ここからは、アカマツ・スギ・コナラ・ホオノキ・ヒサカキなどの雑木林となる。シジュウカラ・ヤマガラ・エナガなどのカラ類のほかに、コゲラ・アオゲラ・ヒヨドリ・クロツグミ・ヤブサメ・ウグイス・センダイムシクイ・キビタキ・オオルリ・コサメビタキ・メジロ・アオジ・カワラヒワ・イカルなどが見られるようになる。時間があれば、各願寺の方へ足を延ばしてみるのも良いだろう。

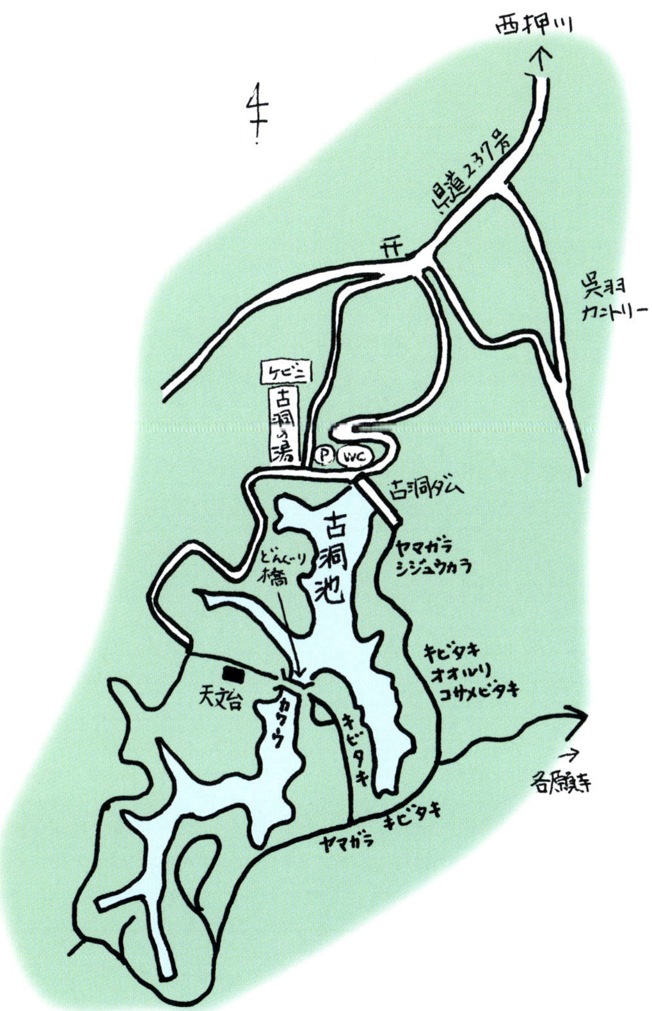

古洞池

次頁：ミサゴ（写真：松木鴻諮）

コラム 2

## 富山市古洞池　県民公園野鳥の園

県民公園（計2,600haほど）は、富山県置県百年を記念して、富山市・高岡市・射水市・砺波市・大島村（現射水市）の５市村に設けられた。古洞池に設定された野鳥の園は、そのうちの一つである。

古洞池（古洞ダム）は、富山市と射水市の畑地・果樹園（469ha）・水田（282ha）に配水するため、菅谷池とつないで造られた。農業用水改良事業（23ha）は、昭和46年に着工され、平成元年に完成した。堤高32m、堤長154m。流域面積は、わずか73haしかないため、秋には水量が減って旧菅谷池の堤が現れる。そこで、山田川から取水して外輪野用水に流し、春の農業用水を確保している。

池を一周する観察路は5.7km。中部北陸歩道を利用すれば、藤ヶ池付近の国設１級鳥類観測ステーションに近い。平成６年、池のほぼ中央にどんぐり橋が完成し、2.3kmの観察コースとしても利用できるようになった。平成９年、橋の西側に富山市天文台が完成。２階には野鳥観察コーナーがある。

３月、上空を３羽のミサゴが魚をつかんで飛んでいた。自然が楽しめる古洞池である。（金子玲子記）

コラム 3

## 古洞池のタンキリ網（谷仕切網）

古洞池と恩坊池は、タンキリ網猟の共同狩猟地指定をうけ銃猟は禁止であった。猟に関わる者は、池周囲の森林の保護に努め、人の立ち入りを禁じてきた。

三方が山に囲まれた地形と鴨の習性を利用し、網を掲げて鴨を捕える。鴨は、日中は水面で休み、採餌のために日暮れ頃になると群れで飛び立つ。そこを狙って、堤の上付近にある２本の長い支柱で支えた網を引いて張り、鴨を捕える。そして、合図ですぐに網を降ろし、網から外した鴨の首をひねり、首を片羽の下に入れて地上に置く。次の一群の飛び立ちに備え、素早く猟師たちは働いたという。

堤の上の一隅に太い孟宗竹を幾本か立てて上を束ね、下方はワラで覆い、網元がワラの間から池の鴨を観察し、網を掲げる合図をしたと聞いた。昭和20年代頃に行われ、古洞池を鴨池と呼んだ。当時の鴨の呼び名は、ジガモ（カルガモ）・アオクビ（マガモ）・アジ（トモエガモ）・クグル（ヒドリガモ）・コゾー（ホシハジロ）・バチ（ハシビロガモ）といい、小杉の料理屋へ全て運び、自家消費はなかった。料理人から、「じぶ煮」は１羽から８人分とれると聞いた。なお、早朝に鴨が池へ戻る時には捕らなかったという。昔は、滑車は木の歯車だったが、この頃には鉄のものになっていた。古洞ダムになってからは、この猟法は行われなくなったという。（金子玲子記）

上：マガモ（写真：松木鴻諮）、下：交尾をするカルガモ（写真：松木鴻諮）

## ⑧ 宮島峡鳥獣保護区（小矢部市了輪）

おすすめ観察時期：４月下旬から５月下旬
観察時期：３月下旬から12月下旬

宮島峡は、小矢部川の支流の子撫川に沿っている谷間である。子撫川は落差が大きいため、所々には滝ができている。子撫川ダムを中心に、約614haが富山県の鳥獣保護区に設定されている。

国道８号の桜町西交差点から、宮島温泉へ向かうようにして県道74号に入る。約4.5km行くと、宮島温泉の少し手前、右側に一ノ滝がある。車は、ここの駐車場に停めるのが良い。

車から降りると、本流瀑である一ノ滝が見えてくる。落差は約３m。水量が多いときは、水が川幅いっぱいに落下する。「小さなナイアガラ」と呼ばれ、富山県の天然記念物に指定されている。滝の下まで下りる階段がある。階段を下りる前に、双眼鏡で滝の下の浅瀬をじっくりと探してみよう。カワガラスの成鳥や幼鳥が餌を捕っているだろう。水際では、餌を探しているキセキレイもよく見られる。滝の下にある岩や木の枝には、カワセミが時々やって来る。運が良ければ、滝から少し上流にあるせり出した横枝にとまっているヤマセミを見ることができるだろう。滝の周囲では、滝の音にも負けないような大きな声で、時々ミソサザイが鳴く。上を見渡すと、滝の周囲にある大きな木では、エナガ・シジュウカラ・イカルなどが虫を探していることもある。

一ノ滝でじっくりと鳥を見たら、階段を上り車道に出る。川沿いに行き小さな橋を渡ると、二ノ滝（落差約５m）までの遊歩道の案内板がある。ここで階段を下りて、川岸に沿って造られている遊歩道を歩こう。途中、メジロ・エナガ・シジュウカラ・ヤマガラ・カワガラスなどが見られるだろう。二ノ滝の下にある木には、カワセミやヤマセミがとまっていることがある。二ノ滝まで出たら、階段を上って車道を戻ろう。来た道を戻るのも良い。

一ノ滝から上流へ、県道206号を約480m行った所に二ノ滝がある。二ノ滝からさらに上流へ約800m行くと左側、河川公園の奥に三ノ滝がある。川岸に車を停めて、河川公園を歩こう。シジュウカラ・ヤマガラ・エナガ・メジロ・コゲラなどが見られるだろう。滝の淵には、人魚の像が置いてある。ここでも、カワガラス・キセキレイがよく見られる。

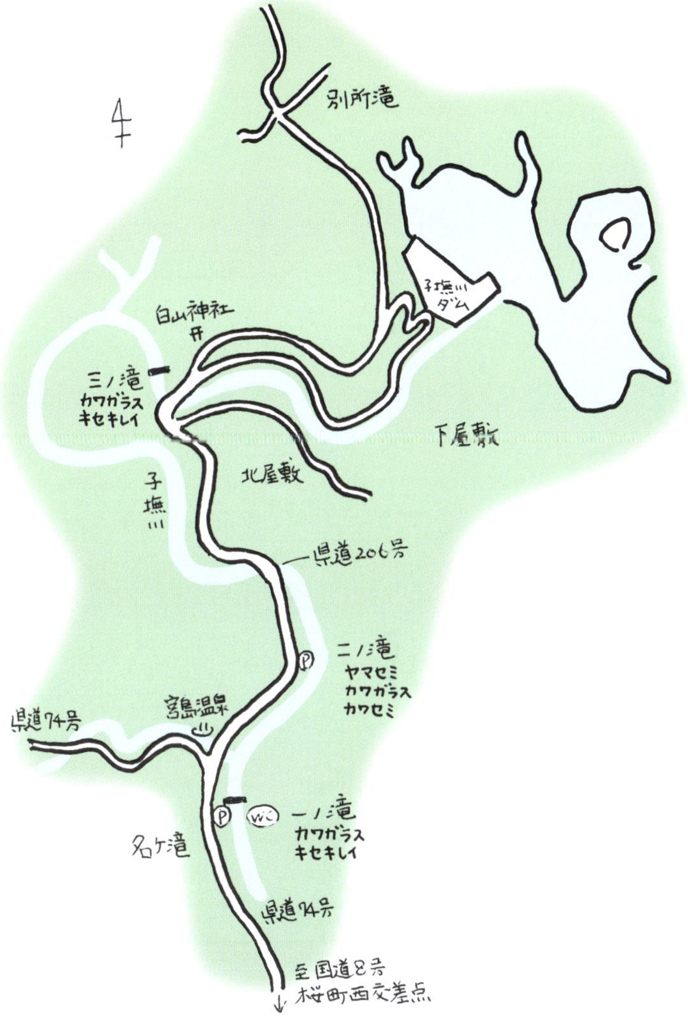

宮島峡一ノ滝　次頁：カワガラス（写真：松木鴻諮）、次々頁：キセキレイ（写真：松木鴻諮）

コラム 4

## 一妻多夫で繁殖する鳥

哺乳類では、約6,000種のうち96％以上の種が一夫多妻もしくは乱婚で繁殖する。ところが、鳥類では、一夫多妻や乱婚は稀で、約9,000種のうち約93％の種は一夫一妻で繁殖する。その理由は、鳥類は雌雄で抱卵したり、雛が自立するまで雌雄で餌を運んだり、雄が縄張りを防衛するのに忙しいなど、雄がほかの雌とつがい関係を結ぶ余裕があまりないためである。ただし、相手が死なない限りは離婚しない永続的な一夫一妻制の婚姻システムを持った鳥は少なく、カモ類・スズメ目の小鳥など季節的な一夫一妻制の婚姻システムを持った鳥のほうが多い（渡りの途中で死んだり、冬を越すことができずに死んだりする個体が多いため）。

そんな鳥たちのなかで、一妻多夫制という珍しい婚姻システムを持つ鳥たちがいる。富山県で記録があるものでは、アカエリヒレアシシギ・オジロトウネン・タマシギの３種である。アカエリヒレアシシギとタマシギは、雌がまず１羽の雄とつがいになり卵を産む。しかし、抱卵と育雛を雄に任せて、別の雄を探しにどこかへ行ってしまう。ちなみに、アカエリヒレアシシギでは１繁殖期に４羽程度の雄とつがいになった雌がいたこと、タマシギでは１繁殖期に少なくとも４羽の雄と７回以上つがいになった雌がいたことが報告されている。オジロトウネンでは、雌は最初に産んだ卵は雄に任せ、２回目に産んだ卵は自分自身で抱卵すると報告されている。

アカエリヒレアシシギとオジロトウネンは、春と秋に富山県を通過していく旅鳥なのだが、タマシギは春から夏に繁殖する夏鳥（越冬したと思われる個体の報告例もあるので留鳥とも言えるかもしれない）である。そこで、2005年、富山県鳥類生態研究会では、タマシギの生息調査を実施した。繁殖期のタマシギの雌は昼でも時々鳴くが、おもに日没後から夜明けまでコォー・コォーと断続的に鳴いて縄張り宣言する。そのため、夕方から深夜におよぶ調査で大変だったが、上市町・富山市・射水市・高岡市・氷見市の五市町において計20ヶ所で縄張りを構えている雌を確認した。調査範囲から考えて、当時富山県では、少なくとも40ヶ所以上でタマシギが営巣していただろうと推定された。（松木鴻諮記）

上：タマシギ（写真：百澤良吾）、下：アカエリヒレアシシギ（写真：松木鴻諮）

## ⑩ 庄川下流鳥獣保護区（射水市寺塚原）

おすすめ観察時期：３月下旬・５月上旬から５月下旬
観察時期：１年中

庄川の河口から約４km上流にある高新大橋から、さらに上流にある高岡大橋まで約２kmの区間で、約88haが富山県の鳥獣保護区に設定されている。これまでに記録された鳥類は約140種、富山県を代表する水鳥・水辺の鳥の生息地となっている。県西部最大規模のサギ類の集団繁殖地で、ヨシゴイ・ゴイサギ・ササゴイ・アマサギ・ダイサギ・チュウサギ・コサギ・アオサギの８種類の繁殖が確認されている。平成16年の台風23号によって壊滅的な打撃を受け営巣数は激減したが、近年、中州や河川敷の自然が回復するのに伴い、営巣数も次第に増加している。また、右岸側、水門の上流には、川の自然を学ぶための施設として「水辺の楽校」が造られている。

１年中野鳥が多い地域だが、カモ類やカモメ類の個体数が増加する３月下旬から、サギ類や河原に生息する鳥たちの営巣が本格的になる５月下旬までが野鳥観察には適した季節である。右岸側の堤防上、高新大橋の上流約500mにある水門付近に車を停め、先ずは車の中から双眼鏡や望遠鏡で観察してみよう。水門下の用水には、ハクセキレイ・セグロセキレイ・カワセミなどが見られることがある。中州では、アオサギの巣がよく見える。５月になると、アマサギ・コサギ・チュウサギなどの巣も見られるようになる。

水門から下流の高新大橋までは、双眼鏡や望遠鏡を持って歩き、所々でじっくりと観察するのが良い。３月中旬から下旬は、シベリアへ渡る途中に羽を休めていくカモ類もいるので、カモ類を観察するのならこの頃が良い。水面では、カイツブリ・カンムリカイツブリ・カワウ・マガモ・カルガモ・コガモ・オカヨシガモ・ヒドリガモ・オナガガモ・ハシビロガモ・ホシハジロ・キンクロハジロ・カワアイサ・オオバンなどが見られるだろう。

水面を見た後は、じっくりと中州を見てみよう。樹木には、ミサゴ・トビ・オオタカ・ノスリなどの猛禽類や、キジバト・ヒヨドリ・モズ・ジョウビタキ・ツグミ・シジュウカラ・ホオジロ・カシラダカ・カワラヒワなどが見られることがある。河原では、サギ類やカモメ類のほか、ハクセキレイ・セグロセキレイ・イソシギ・キジなどが見られるだろう。また、葦原の上をチュウヒが飛んでいることもある。

４月に入ると、河原ではコチドリ・イカルチドリの繁殖が始まる。４月下旬には、葦原ではオオヨシキリがギョギョシ・ギョギョシとさえずるようになる。５月下旬には、カッコウも鳴き始める。

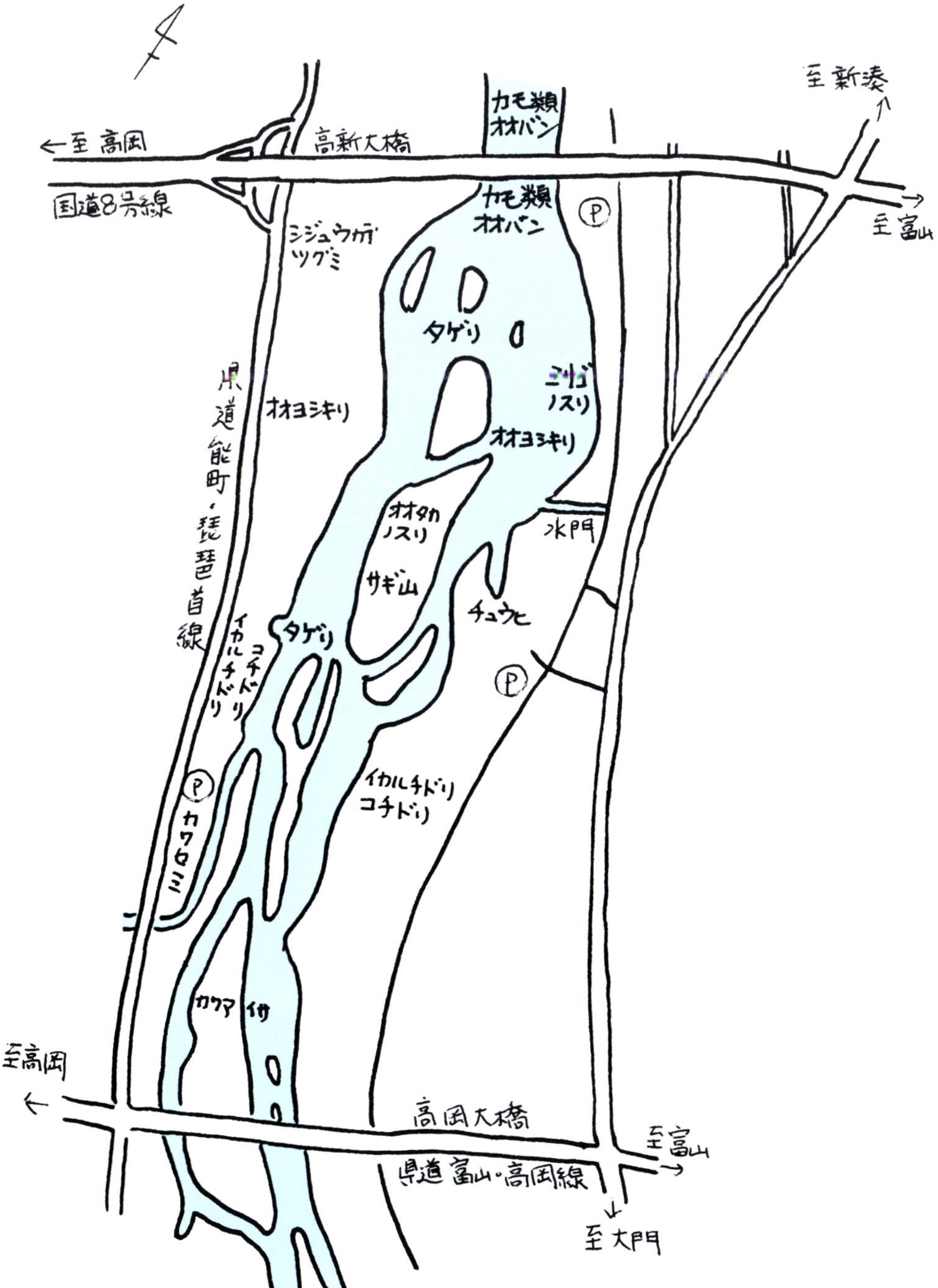
至新湊
←至 高岡
高新大橋
カモ類
オオバン
国道8号線
至富山
カモ類
オオバン
シジュウカラ
ツグミ
タゲリ
ミサゴ
ノスリ
県道能町・琵琶首線
オオヨシキリ
オオヨシキリ
オオタカ
ノスリ
水門
サギ山
チュウヒ
タゲリ
イカルチドリ
コチドリ
イカルチドリ
コチドリ
カワセミ
カワアイサ
至高岡
高岡大橋
至富山
県道 富山・高岡線
至大門

上：ノビタキ（写真：松木鴻諮）、下：モズ（写真：樋口雅彦）

上：コヨシキリ（写真：柴田樹）、下：イカルチドリ（写真：樋口雅彦）　次頁：カモ類の群れ（写真：松木鴻諮）

## ⑪ 縄ヶ池鳥獣保護区（南砺市蓑谷入会）

おすすめ観察時期：５月下旬から６月
観察時期：５月上旬から11月下旬

縄ヶ池は、高清水山（標高1,145m）の西側の山腹を流れる川が、山崩れによって堰き止められてできた池で、竜神が棲むと伝えられている。標高約800m、広さ約0.5ha、最深部約10m、周囲は約２kmである。池を中心に、約625haは富山県の鳥獣保護区に設定されている。また、そのうち、高落場山（1,122m）の北側約116haは、鳥獣保護区特別保護地区に設定されている。

南砺市城端駅から国道304号（白川街道）を南へ約５km行くと、坂の途中に左へ曲がる道がある。この高清水林道を約５km行くと、夫婦滝（落差38m）がある。

左が女滝で、右が男滝である。滝の前を通り過ぎて、左に曲がったところで車を停めよう。滝の音に負けないような大きな声で、オオルリが鳴いているだろう。滝の下では、ミソサザイ・キセキレイが見られる。夫婦滝から縄ヶ池までの約３kmは要注意である。坂を上っていく途中、アカショウビンが車の前を横切ることがある。鳴き声が聞こえたら、車から降りて探してみるのも良い。

縄ヶ池の展望広場で車を停める。車から降りると、ノジコの声が聞こえてくることがある。ホオジロのさえずりに似ているが、さえずりの出だしにチョッ・チョッと２回鳴いたらノジコである。展望広場からは、坂を下りて行く。途中、池を見下ろすことができる場所がある。ここで少し立ち止まってみよう。上空では、クマタカ・サシバが飛ぶことがある。さらに下ると、城端ナチュラリスト研究会の小屋がある。土・日・祝日には、研究会のメンバーが縄ヶ池の自然解説を行っている。

左の道を下りて小川沿いに行くと、池の南側に広がるミズバショウの群生地に出る。ミズバショウの花は、５月中旬から５月下旬が見ごろである。この辺りでは、アオジ・ノジコ・ウグイスがよくさえずっている。木道を進むと池に出る。耳を澄ますと南側の山の斜面から、アオゲラ・アカゲラ・オオルリ・クロツグミ・ゴジュウカラなどの声が聞こえてくる。時には、マミジロがさえずっていることもある。この後、草が生い茂っていなければ、池の周りを回るのも良い。また、城端ナチュラリスト研究会の小屋まで戻り、小川の上流を歩くのも良いだろう。

展望広場から車で坂を上って約２km行くと、夫婦滝の上にあるブナ林の入口に着く。このブナ林は、打尾地区の水源地として保護されてきたものである。南側には樹齢150年以上のブナ林が多く見られる（北側は倒伐等により樹齢は浅い）。熊対策を充分にして、歩いてみるのも良い。

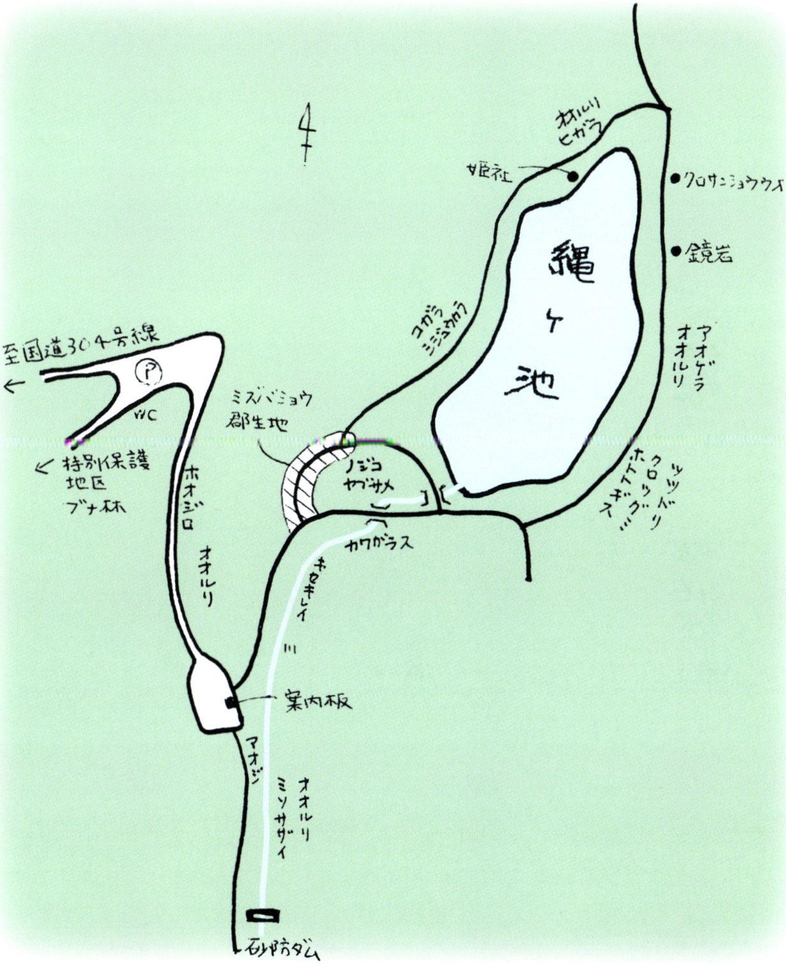
至国道304号線
P
WC
特別保護
地区
ブナ林
ホオジロ
オオルリ
ミズバショウ
郡生地
ノジコ
ヤブサメ
カワガラス
キセキレイ
川
案内板
アオジ
オオルリ
ミソサザイ
砂防ダム
オオルリ
ヒガラ
姫社
コガラ
シジュウカラ
縄ヶ池
クロサンショウウオ
鏡岩
アオゲラ
オオルリ
ツツドリ
クロツグミ
ホトトギス

縄ヶ池

上：サンコウチョウ（写真：樋口雅彦）、下：コルリ（写真：石黒亮子）

上：アオバト（写真：百澤良吾）、下：クロツグミ（写真：松木鴻諮）

次頁：クマタカ（写真：樋口雅彦）

## ⑫ 片地の池（中新川郡上市町片地）

おすすめ観察時期：５月下旬～６月上旬
観察時期：４月上旬から11月下旬

上市町役場から東へ約４kmのところにある。県道145号から、山の方へ車で10分程入る。椎名道三によって築かれたアースダム式灌漑用溜池で、広さは約3.5haである。サンコウチョウ・カワセミ・ヤマセミ・アカショウビンなどが見られることから、バードウォッチャーの間ではとても人気が高い探鳥地となっている。なお、この辺り一帯は、熊がよく出るので要注意。できれば熊鈴を用意するなど、熊対策も考えておこう。また、カモシカにもよく出会う。

片地の集落を通り抜け、しばらく行くと畑に出る。畑を通り過ぎて、坂道を下ると片地池に出る。車は堰堤横、道が少し広くなっている所に駐車する。

先ずは、堰堤の上から池をよく見てみよう。水面には、ケレケレケレと大きな声で鳴いたり、水に潜ったりしているカイツブリが見られるだろう。池の奥には、オシドリが見られることもある。水面の周りの横枝は、じっくりと見てみよう。カワセミ・ヤマセミがとまっていることがある。チィーと鳴いて、水の上を一直線に飛ぶ小さな鳥がいたらカワセミだ。キャラッ・キャラッと鳴きながら飛ぶ白いハトのような鳥はヤマセミである。アカショウビンは、朝と夕方によく出る。ただし、すぐ近くで鳴き声が聞こえても、木の葉が邪魔になって、姿を見るのは難しいだろう。また、上空では、サシバ・ハチクマが時々飛ぶ。

池を一通り見たら、池を左手にして、池に沿って山道を歩いてみよう。シジュウカラ・ヤマガラ・エナガ・コゲラなどのほかに、クロツグミ・オオルリなどが鳴いているだろう。行き止まりになったら、Ｕターンして車まで戻る。次は、用水に沿って下る山道を行こう。オオルリ・キビタキの声が聞こえてくるようになる。Ｙ字交差点辺りからは、ツキヒホシホイホイホイとサンコウチョウの声が聞こえてくる。Ｙ字交差点では、右の道を行こう。急な坂を下りてから、再び上りとなる。途中、シジュウカラ・ヤマガラ・キビタキ・クロツグミ・サンコウチョウがよく鳴いている。ゆるやかな坂を上ると広い所に出る。ここでは、しばらく立ち止まってみるのが良いだろう。アカショウビンの声が聞こえるかもしれない。ここでＵターンして車へ戻ろう。

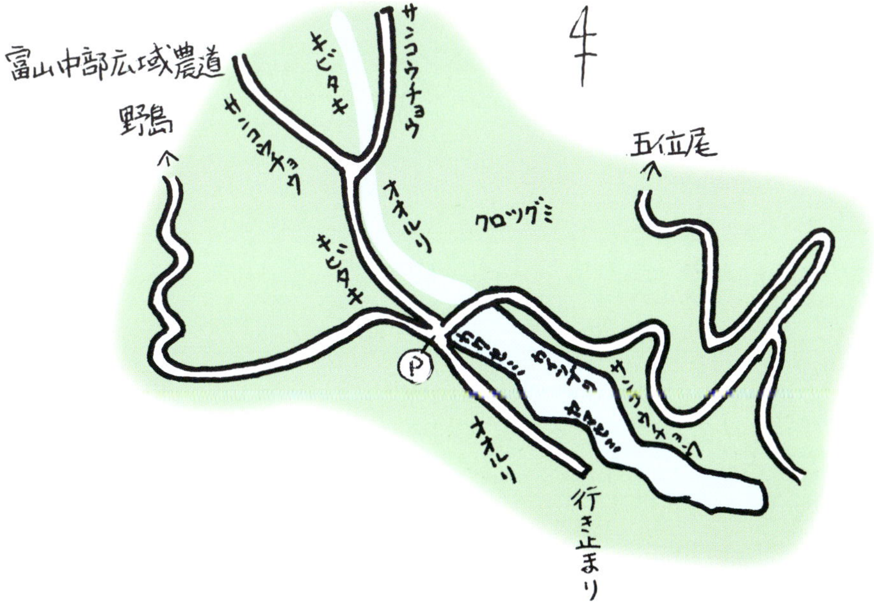

地の池 次頁：アカショウビン（写真：樋口雅彦）

## ⑬ 桂湖（南砺市桂）

おすすめ観察時期：６月上旬から６月下旬
観察時期：５月上旬から10月下旬

桂湖は、富山県と岐阜県の県境にある。東海北陸自動車道五箇山インターから、国道156号を南へ約３km行くと大きな橋がある。この「であい橋」を渡って打越トンネルを抜け、約１km行くと境川ダムに着く。ダムの管理事務所の前を通ると、桂湖にかかる開津橋がある。開津橋を渡った所で車を停めてみよう。枯れた杉の木には、ニュウナイスズメが鳴いているだろう。湖の対岸からは、アカショウビンの声が聞こえてくる。ここでは、夜になると、コノハズク・ヨタカの声もよく聞こえる。

さらに約２km行くと、桂湖ビジターセンターがある。この建物では、イワツバメがコロニー（集団繁殖地）を造っている。イワツバメの巣をよく見てみよう。古巣を利用して営巣しているニュウナイスズメを見つけることができるだろう。ビジターセンター前の森では、アオバトが鳴くこともある。

大笠山へ向かう登山道はとても危険なので、立ち入らないようにしよう。

ニュウナイスズメ（写真：松木鴻諮）

上：アオゲラ（写真：百澤良吾）、下：アオバズク（写真：松木鴻諮）

コラム 5

## フクロウ類とミゾゴイの生息状況について

富山県で記録があるフクロウ類は、トラフズク・コミミズク・コノハズク・オオコノハズク・アオバズク・フクロウの６種である。トラフズク・コミミズクは、越冬のためにシベリアから日本に渡来する冬鳥である。コノハズク・オオコノハズク・アオバズクは、営巣するために東南アジアから日本に渡来する夏鳥である。フクロウは、１年中日本に生息する留鳥である。フクロウ類は夜行性で観察が難しく、富山県における生息状況がよくわかっていなかった。そこで、2002年～2008年にかけて、富山県鳥類生態研究会のメンバーと調べた。調査は夕方から深夜まで、県西部を中心に行った。また、2003年～2010年にかけて、同時にミゾゴイの生息状況も調べた。

フクロウは、計25ヶ所で繁殖期に生息を確認した。富山県全体では、少なくとも50ヶ所以上で営巣しているものと推定される。生息場所は、平地から山地までだが、山地及びその周辺で生息しているものが多かった。営巣場所は、巣穴として利用できる樹洞がある大きな杉の木が残っている神社・寺などだった。富山県では、３月上旬から３月下旬に卵を産み、３月下旬から４月中旬に雛が生まれ、５月上旬から５月下旬にかけて雛が巣立つようである。フクロウは主にノネズミを食べていると書かれてある本が多いが、営巣木の周囲に水田がある地域では、ヒキガエルを捕って雛に与えるフクロウが多いことがわかった。親は日没後から活動し、一晩に２～３匹のヒキガエルを１羽の雛に与えた。

４月下旬～５月上旬に富山県に渡来するアオバズクも、25ヶ所で繁殖期に生息を確認した。フクロウと同様に、富山県では50ヶ所以上で営巣しているものと推定される。生息場所は平地から山地までだが、フクロウよりは平地で営巣するものが多かった。営巣場所は、樹洞があるケヤキやカシの大木が残っている屋敷林・神社・寺などだった。富山県では、５月下旬から６月上旬に産卵し、６月中旬から６月下旬に雛が生まれ、７月中旬から７月下旬にかけて雛が巣立つようである。日没後から、街灯近くの電線で昆虫類を捕っていた。フクロウの営巣が終わる頃にアオバズクが渡来するため、フクロウが使った樹洞をアオバズクが清掃してから再利用したという報告例があるが、富山県ではフクロウの営巣地とアオバズクの営巣地が重なっている所はほとんどなかった。

コノハズクは充分な調査はできなかったが、立山町美女平・富山市八尾町・南砺市利賀村山の神峠・南砺市縄ヶ池・南砺市上平細島・南砺市西赤尾ブナオ峠・南砺市桂湖・南砺市医王山で繁殖期に生息を確認した。文献によると、青森県では４月下旬から５月上旬に渡来し、７月上旬に雛が生まれるとなっている。富山市八尾町で営巣を確認したコノハズクは、７月21日には親がセミ・カミキリムシ・ガなどを巣に運んでいた。８月７日には既に雛は巣立ちしていたので、７月下旬から８月上旬に巣立したものと考えられる。

オオコノハズクも充分な調査はできなかったが、富山市八尾町・南砺市大鋸屋・南砺市林道で繁殖期に生息を確認した。富山市八尾町で、８月７日に、巣立ってから数日後と思われる幼鳥を確認した。コノハズクと同様に、富山県では７月下旬から８月上旬にかけて巣立つものと考えられる。

トラフズクは、本州中部以北からシベリアで繁殖し、冬鳥として本州中部以南に渡来する。富山県では、個体数に変動があるが、毎年少数が神通川・庄川・小矢部川など、大きな河川の下流域・射水市海竜町・射水市海王町などで越冬する。夜間は、葦原・草地・畑地などが混在する河川敷や埋立地などでノネズミなどを捕る。昼は、河川や埋立地から近い神社・寺・民家などにある杉の木などで眠る。2001年12月、富山市松ノ木で多いときには15羽を確認した。

コミミズクは、富山県では毎年冬期に少数が観察されるが、年によって渡来する個体数の変動が大きい。神通川・庄川・小矢部川などの河川の中流域から下流域・射水市海竜町・射水市海王町などで見られる。降雪量が多くなると南へ移動するようで、姿は見られなくなる。夜間は、葦原・草地・畑地などが混在する河川敷でノネズミなどを捕る。昼は、河川敷などの葦原・草地で眠る。2008年は、ノネズミを捕るケアシノスリ・ハイイロチュウヒの個体数が例年より多かったが、コミミズクの個体数も同様に多かった。2008年1月には、神通川下流で3個体、小矢部川の中流から下流にかけて5個体が見られた。

ミゾゴイは、中国南部・フィリピンなどから本州以南に夏鳥として渡来する。富山県には毎年山地に渡来し繁殖するが、個体数はとても少ない。富山県で営巣するのは、10つがい程度と推定する。山地のうす暗い渓流や沢沿いの林道などで見られることがある。2003年から2010年にかけて、富山市八尾町杉平（2009年６月９日）・南砺市大鋸屋（2003年６月22日）（2004年６月30日）・南砺市縄ヶ池付近（2004年７月27日）・南砺市林道（2005年６月12日）（2006年４月22日）・南砺市安居（2005年４月26日）・南砺市利賀村北豆谷（2009年５月19日）・南砺市利賀村山の神峠（2006年６月７日）・砺波市福岡（2010年４月26日）などで繁殖期に生息を確認した。また、古い記録には、富山市有峰（1966年５月）・南砺市福光町（1966年５月）・上市町女川（1977年６月17日）・南砺市利賀村猪谷（1979年７月18日・雛４羽）などがある。（松木鴻諮記）

次頁：フクロウ（絵：佐々木志真）、次々頁：コノハズク（写真：松木鴻諮）

## ⑭ 21世紀の森（富山市八尾町杉平）

おすすめ観察時期：６月上旬から６月下旬
観察時期：５月上旬から11月中旬

富山県の南部、岐阜県との県境にある白木峰（標高1,596m）の山麓にある。南北に長い白木峰・金剛堂山鳥獣保護区（約5,650ha）のほぼ中央に位置する。富山市八尾町ＪＲ越中八尾駅から、車で国道472号・471号を約１時間南へ行ったところにある。「21世紀の森」の杉平地区（45ha）には、野鳥の森・森林学習展示館・杉ヶ平キャンプ場（管理棟・貸ログハウス・キャンプ場）・自然観察道（計58km）などある。

森林学習展示館の前を通って約400m行くと、道が右にＵターンする。このカーブ付近が「野鳥の森」の入口で、小さな看板が出ている。車はこの看板前の空地に停めるか、森林学習展示館前に停めるのが良い。森に入る前に、先ず上空を見上げてみよう。クマタカが飛んでいることがある。森に入るとすぐに、左に下る道と右に上がる道に分かれる。右の道を行こう。ブナ・ミズナラ・トチノキなどの原生林が目の前に広がる。クロツグミ・キビタキ・センダイムシクイなどが大きな声でさえずっているだろう。さらにもう少し行くと、右に曲がる道がある。ここは真っすぐに左の道を行こう。斜面を上って行く途中では、ジュウイチ・カッコウ・ホトトギス・ツツドリのカッコウ類、アオゲラ・アカゲラ・コゲラのキツツキ類、そのほかアカショウビン・サンショウクイ・ヒヨドリ・ヤブサメ・ウグイス・オオルリ・コガラ・ヒガラ・シジュウカラ・ゴジュウカラ・カケスなど、多くの鳥と出会うことができるだろう。

道が右に大きく曲がった辺りからは、要注意である。この辺りでは、人を襲うカモシカが出ることがある。もし、カモシカに出会ったら、刺激をしないように素早く通り過ぎるか、来た道を戻ろう。また、この森では熊が出ることもある。ここの熊はおとなしいと言われているが、熊鈴を用意するなど、熊対策も万全に。

さらに進むと右に曲がる道があるが、ここでは左へ曲がる道を進もう。休憩所まで歩くのも良いが、しばらく歩いたら途中で引き返すのが良いだろう。

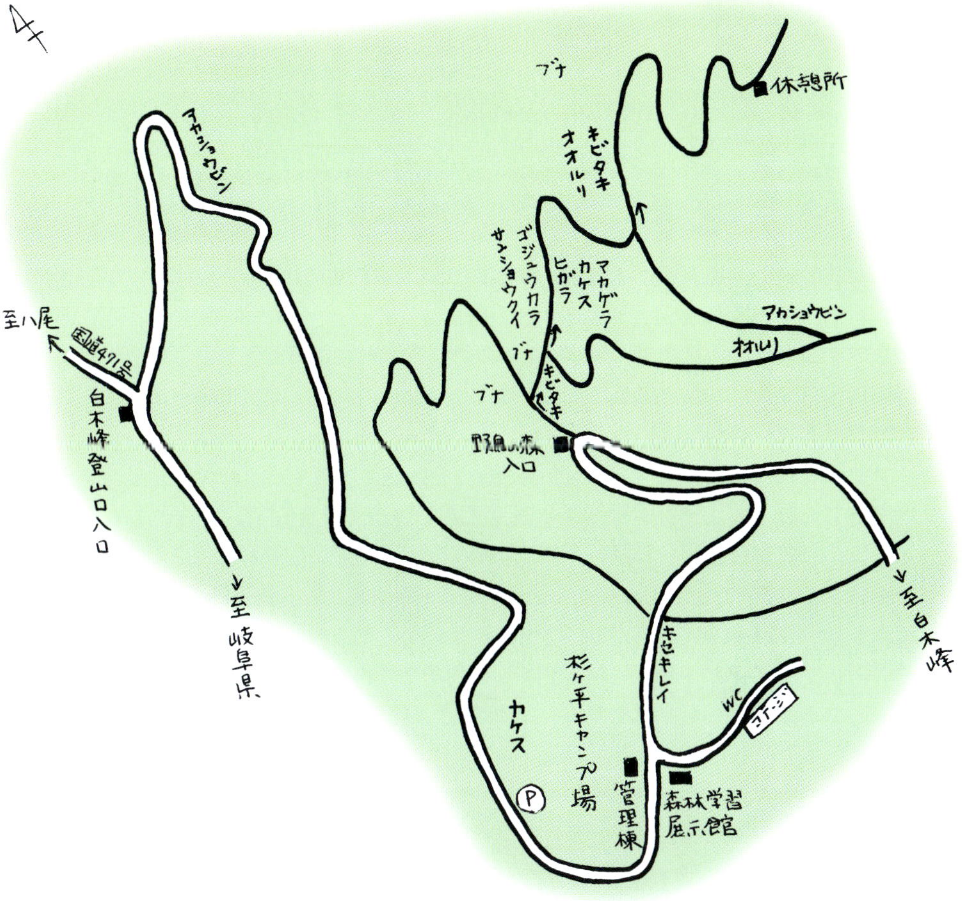
ブナ
休憩所
アカショウビン
キビタキ
オオルリ
ゴジュウカラ
サンショウクイ
マカゲラ
カケス
ヒガラ
ブナ
キビタキ
ブナ
アカショウビン
オオルリ
至八尾
国道471号
白木峰登山口入口
野鳥の森入口
至岐阜県
至白木峰
キセキレイ
杉ヶ平キャンプ場
カケス
P
管理棟
森林学習展示館
WC
コテージ

21世紀の森

## ⑮ ブナオ峠（南砺市西赤尾）

おすすめ観察時期：６月上旬から６月下旬
観察時期：５月上旬から11月中旬

東海北陸自動車道五箇山インターから南へ、国道156号（白川街道）を約1.6km行き、右に曲がって県道54号（塩硝街道）を約８km行くとブナオ峠に着く。県道54号は、冬期は通行止めとなる。夏期も工事中で通行止めになることがあるので、事前に道路情報を確認してから出かけよう。また、峠から刀利ダムの区間は、ほとんど毎年のように通行止めとなっている。

ブナオ峠は、大笠鳥獣保護区（1,653ha）の北端に位置する。峠付近一帯はブナ林となっており、富山県鳥獣保護区に設定されている。県道54号は主要地方道となっているが、ほとんどが一車線の山道で危険なため、充分に注意して行こう。

クマタカ・イヌワシ・アオバト・ジュウイチ・ツツドリ・ホトトギス・コノハズク・アカショウビン・ブッポウソウ・アカゲラ・キセキレイ・サンショウクイ・ヒヨドリ・モズ・ミソサザイ・コルリ・トラツグミ・クロツグミ・ヤブサメ・ウグイス・センダイムシクイ・キビタキ・オオルリ・コガラ・ヒガラ・ゴジュウカラ・ホオジロ・カケスなど、多くの鳥と出会えるだろう。

ミソサザイ（写真：松木鴻諮）

## ⑯ 刀利ダム（南砺市刀利）

おすすめ観察時期：６月上旬から６月下旬
観察時期：５月上旬から11月中旬

富山県の南西部、石川県との県境にある。1966年、小矢部川の上流に竣工したドーム型アーチ式ダムで、ダム湖の水面積は約100haである。南砺市福光町から、県道10号で南へ約14km行ったところにある。東側にはダム湖に沿って県道54号が走っている。県道と言っても車はほとんど来ないので、所々で車を停めて歩こう。しっかりと姿を見ることができる機会は少ないが、ミサゴ・アオバト・ツツドリ・ホトトギス・アカショウビン・キセキレイ・サンショウクイ・ミソサザイ・コルリ・トラツグミ・クロツグミ・ウグイス・センダイムシクイ・キビタキ・オオルリ・コガラ・ヤマガラ・シジュウカラ・ホオジロなどに出会うことができるだろう。

県道54号は、刀利ダムからブナオ峠まで、ほとんどいつも工事中で通行禁止になっている。

刀利ダム

## ⑰ 立山美女平・ブナ坂（中新川郡立山町）

おすすめ観察時期：６月上旬から６月下旬
観察時期：５月下旬から10月上旬

立山山麓に広がる東西約15km・南北約３kmの溶岩台地の西側の部分で、標高は約1,000mから1,100mである。立山駅（標高475m）から立山ケーブルカーに乗り、約７分間で美女平駅（標高977m）に着く。立山駅から美女平駅までの往復料金は、大人で1,250円である。

樹齢2,000年を超えるタテヤマスギ・樹齢200年を超えるブナ、そのほかミズナラ・トチノキ・ホオノキ・コミネカエデ・ノリウツギなどの原生林となっている。また、夏鳥の繁殖地として県下を代表する地域で、これまでに約60種の野鳥が観察されている。富山県の北アルプス鳥獣保護区（約64,819ha）に設定されており、「森林浴の森・日本100選」に選定されている。

美女平駅を出て右へ100mほど行くと、自然観察路の入口がある。コースは①③④②⑤②①（約３時間）、もしくは①③④②①コース（約２時間）がお薦めである（地図参照）。

③から④は上りになっている。アオゲラ・コゲラ・ミソサザイ・コルリ・クロツグミ・キビタキ・コガラ・ヒガラ・ゴジュウカラ・クロジなどが見られる。④から②は下りになっている。キビタキ・コサメビタキ・クロジ・ウソなどが見られる。②から⑤は上りになっている。オオアカゲラ・アカゲラ・オオルリ・キバシリなども見られることがある。④から⑥は、熊が出ることがある。帰路は②③①、もしくは車道を②①と下るのが良いだろう。

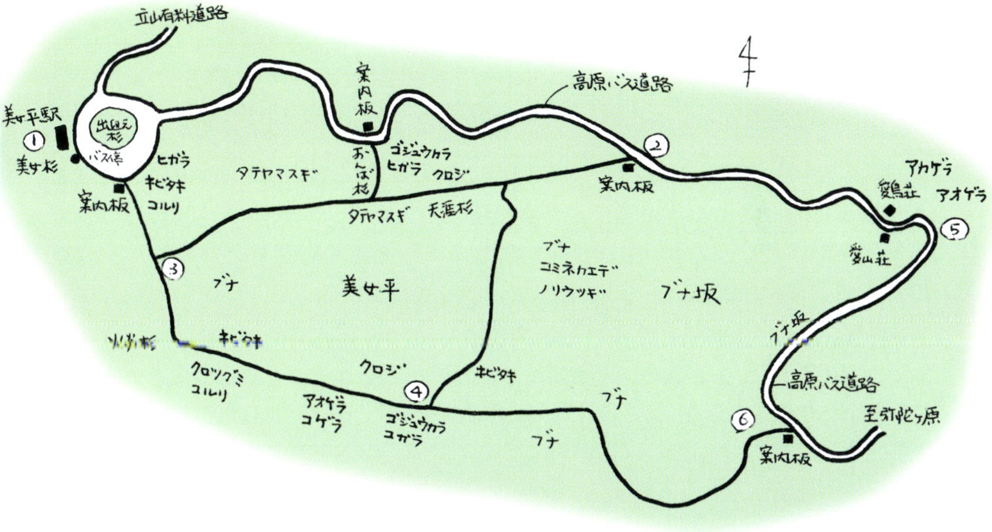
立山有料道路
高原バス道路
美女平駅
①
美女杉
出迎え杉
バス停
案内板
ヒガラ
キビタキ
コルリ
タテヤマスギ
案内板
おんぼ杉
ゴジュウカラ
ヒガラ
クロジ
タテヤマスギ
天涯杉
②
案内板
アカゲラ
愛鳥荘
アオゲラ
⑤
愛山荘
③
ブナ
美女平
ブナ
コミネカエデ
ノリウツギ
ブナ坂
ブナ坂
キビタキ
クロツグミ
コルリ
クロジ
キビタキ
アオゲラ
コゲラ
④
ゴジュウカラ
ヒガラ
ブナ
ブナ
高原バス道路
至弥陀ヶ原
⑥
案内板

美女平

## ⑱ 有峰鳥獣保護区（富山市有峰）

おすすめ観察時期：６月上旬から６月下旬
観察時期：６月上旬から10月下旬

有峰湖を中心とした鳥獣保護区（約7,500ha）で、富山県の南東部にある。有峰湖は1959年に造成された人造湖で、湛水面積は約512haである。湖の標高は約1,100m、周囲はブナ・ミズナラ・シラカバ・トチノキなどの自然林となっており、約760haは富山県の鳥獣保護区特別保護地区にも設定されている。

小見線（６月１日から11月12日まで開通）を通って行く方法と、小口川線（７月１日から10月31日まで開通）を通って行く方法がある。往復の通行料金は、どちらも小型車1,800円である。小見線は、トンネルは多いが距離が12.7kmと短く、危険個所は少ない。小口川線は、距離が24.9kmと長いだけでなく、幅が狭くて危険な個所も多い。ただし、小口川線は、ブナ林の中を通る林道なので、自然を満喫したい人にはお薦めである。

立山町役場の東側を通る県道６号（立山街道）から、常願寺川に架かる芳見橋を渡り、白樺ハイツの前を通って約500m行くと、有峰林道小見線亀谷連絡所がある。ここから目的地の冷タ谷までは、車で約45分かかる。

有峰湖のダム堤防の上を通り、湖沿いに有峰林道西岸線を南へ向かう。途中、小口川線不動谷の入口がある。右に曲がると祐延貯水池へ行くが、ここでは曲がらず、湖に沿って左の道を行く。ダム堤防から約３km行ったところに冷タ谷がある。有峰湖周辺には、冷タ谷遊歩道（約２km）のほかに、猪根山遊歩道（約２km）・折立遊歩道（約1.8km）・東西半島遊歩道（約0.8km）・砥谷半島遊歩道（約2.8km）・桐山森林管理道（約２km）があるが、一番のお薦めは冷タ谷遊歩道である。

冷タ谷橋を渡るとすぐ右に、冷タ谷遊歩道北口がある。橋を渡ったら、車道左脇に車を停める。冷タ谷遊歩道周辺は、自然度が最高ランクの森なので、時には熊が出ることもある。熊対策も行ったうえで森に入ろう。

冷タ谷遊歩道を北口から入ると、はじめはミズナラ・シラカバなどの坂道を上って行くことになる。坂の途中、耳を澄ましてよく見ると、餌を探すのに忙しそうなコガラ・ヒガラ・ゴジュウカラなどに気づく。木道がある湿地辺りでは、コルリが盛んにさえずっている。トチノキ林から、左へ曲がって中央口へ下りるルートがあるが、途中道が険しいのでお薦めできない。この辺りでは、下方からミソサザイの大きなさえずりがよく聞こえる。キビタキ・オオルリなどの声も聞こえる。坂を上ると、展望がきく所（標高は約1,150m）に出る。晴れた日には、正面に薬師岳、下には有峰湖が輝いて見える。ジュウイチ・カッコウ・ホトトギス・ツツドリなどの声も遠くから聞

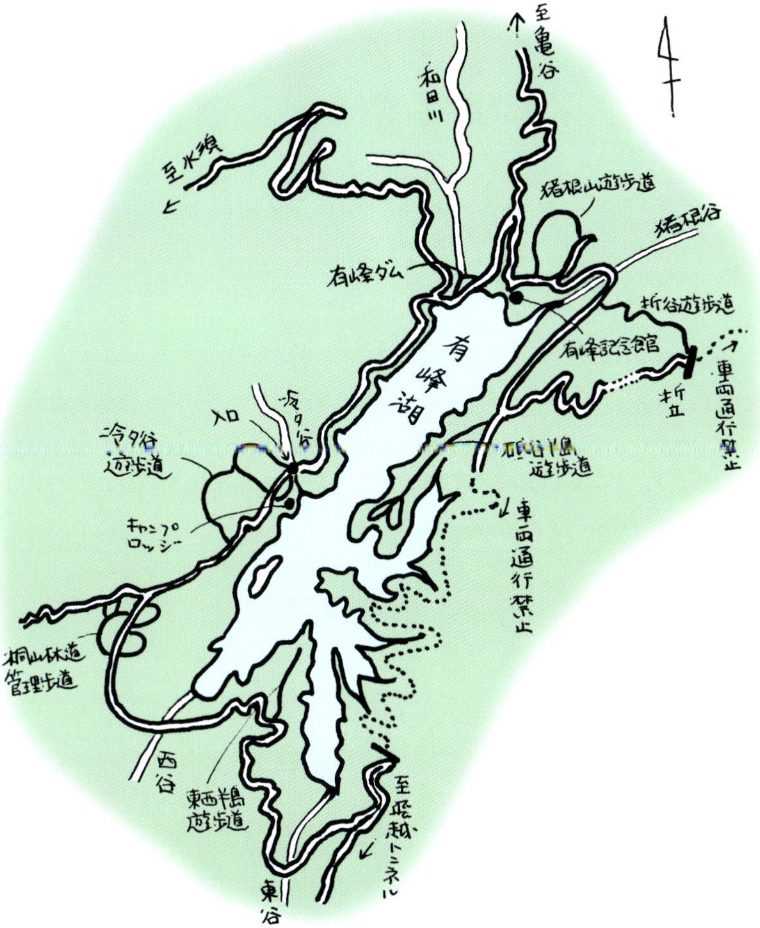
至亀谷
和田川
至水須
猪根山遊歩道
猪根谷
有峰ダム
折谷遊歩道
有峰記念館
車両通行禁止
折立
有峰湖
入口
冷タ谷
冷タ谷遊歩道
砥谷半島遊歩道
キャンプロッジー
車両通行禁止
桐山林道管理歩道
西谷
東西半島遊歩道
至飛越トンネル
東谷

有峰湖

こえてくるだろう。上空では、ハチクマ・ノスリが飛ぶこともある。小さな沢に出たら、立ち止まってみよう。ミソサザイ・オオルリのほかに、コサメビタキ・アカゲラ・オオアカゲラなどが見られることがある。ミズバショウの湿地に出たら、モウセンゴケを探してみるのも良い。ただし、ここはイノシシが出ることもあるので要注意。再び小さな沢に出たら時間をかけてみよう。トチノキ林を過ぎると、右に曲がって祐延貯水池へ行く道がある。熊がよく出るとの話もあるので、立ち入らないほうが良いだろう。カラマツ林に入ると、方々からクロジのさえずりが聞こえるようになる。コサメビタキ・アカゲラなども見られる。坂を下りて行くと南口に着く。車道に出たら左へ曲がって約20分、冷タ谷キャンプ場前を通り過ぎると北口に着く。

湖の北側には、有峰記念館・有峰ビジターセンター・宿泊施設有峰ハウスなどがあるので寄ってみるのも良いだろう。

ゴジュウカラ（写真：百澤良吾）

上：アカゲラ（写真：百澤良吾）、下：キビタキ（写真：樋口雅彦）

## ⑲ 富岩運河環水公園（富山市湊入船町）

おすすめ観察時期：６月上旬から６月下旬
観察時期：１年中

富山特定猟具使用禁止区域(銃)(約8,533ha）のほぼ中央、ＪＲ富山駅から北へ約700mのところにある。広さは約9.7ha、富岩運河を利用して造られた親水文化公園である。長さ58mの天門橋・泉と滝の広場・野外劇場・あいの島バードサンクチュアリ（平成18年８月完成）などがある。バードサンクチュアリ（野鳥の聖域）には野鳥観察舎（平成18年８月竣工）があり、自由に野鳥観察が楽しめるようになっている。

市街地に造られた公園であるが、１年中野鳥観察ができる。春から秋にかけて、観察舎ではカワセミがよく見られ、いつもカメラマンで賑わっている。６月になると、観察舎の近くでカイツブリが営巣し、ミサゴが時々運河に魚を捕りに来るので、この時期に行くのが一番良いだろう。

冬期には、カワセミの出現頻度は低くなるが、カルガモ・コガモ・オカヨシガモ・ヒドリガモ・オナガガモ・ハシビロガモ・ホシハジロ・キンクロハジロ・ミコアイサなどのカモ類や、カワウ・コサギ・アオサギ・バン・オオバンなどが見られる。

カワセミ（写真：上野久芳）

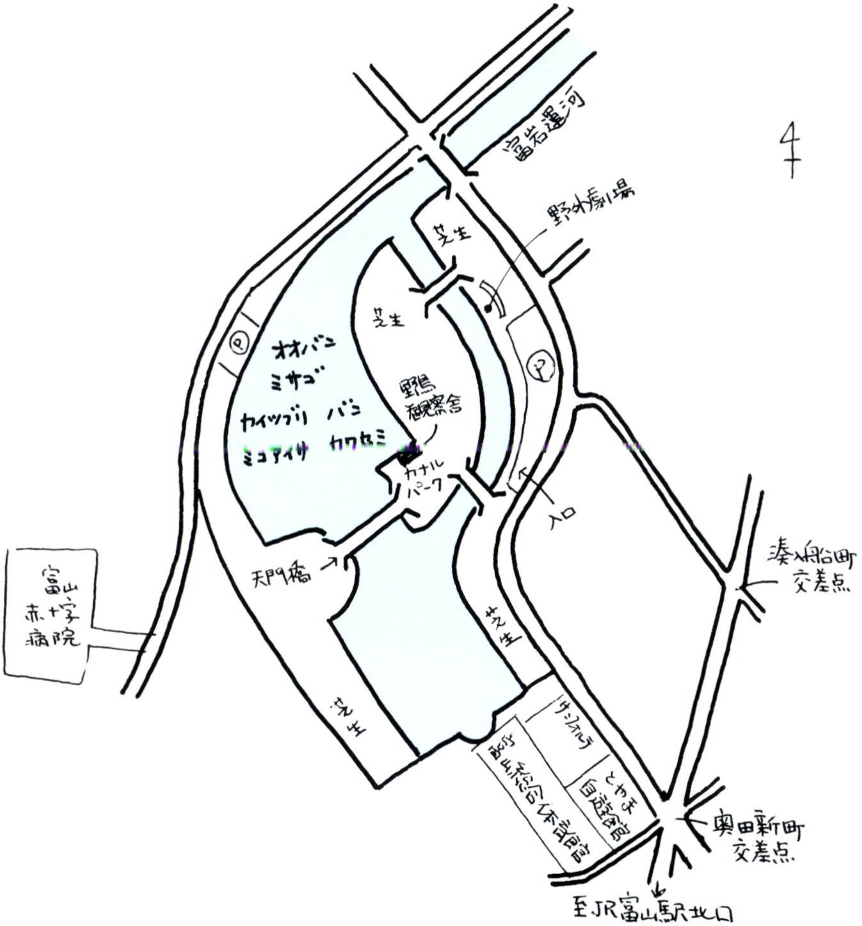
富岩運河
野外劇場
芝生
芝生
P
P
オオバン
ミサゴ
カイツブリ
バン
ミコアイサ
カワセミ
野鳥観察舎
カナルパーク
入口
天門橋
芝生
芝生
富山赤十字病院
湊入船町交差点
サンフォルテ
とやま自遊館
富山総合体育館
奥田新町交差点
至JR富山駅北口

富岩運河環水公園

## ⑳ 神通川河口鳥獣保護区（富山市草島）

おすすめ観察時期：５月上旬～７月中旬
観察時期：１年中

神通川の河口から約２km上流にある国道415号萩浦橋までの区間で、約75haが富山県の鳥獣保護区に設定されている。河口から国道８号中島大橋までは、左岸側の河川敷は草地・葦原・畑などになっている。ホオアカの営巣地として適した環境であることから、平成９年以降その個体数は次第に増え、近年は約10ヶ所で営巣している。

左岸の堤防上を歩きながら探すのが良いだろう。雄は高い所にとまって、ホオジロに少し似たさえずりでよく鳴くので、すぐに見つけることができる。ホオジロはこの地域では繁殖していないので、ホオアカと見間違えることはないだろう。萩浦橋の上流にある水路では、時々カワセミが見られることがあるので、双眼鏡でよく観察してみよう。

冬期には、ノスリのほかに、夜間はコミミズク・トラフズクなどが見られることもある。ケアシノスリの記録もある。

ホオアカ（写真：松木鴻諮）

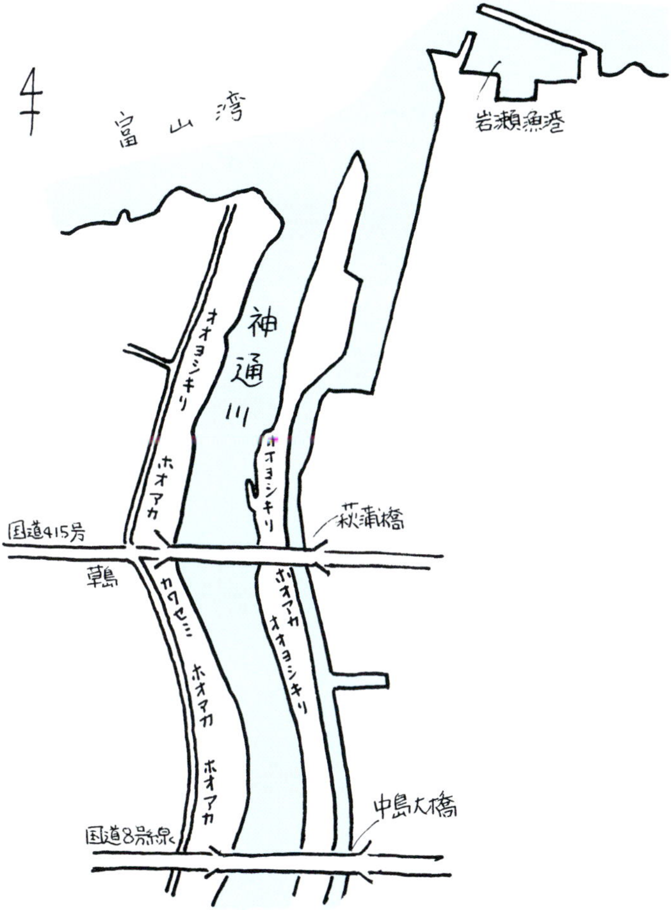
富山湾
岩瀬漁港
神通川
オオヨシキリ
ホオアカ
オオヨシキリ
萩浦橋
国道415号
草島
カワセミ
ホオアカ
オオヨシキリ
ホオアカ
ホオアカ
中島大橋
国道8号線

神通川下流

## ㉑ 黒部川河口鳥獣保護区（黒部市荒俣）

おすすめ観察時期：６月下旬から７月上旬
観察時期：１年中

黒部川河口から約300m上流にあるＪＲ鉄橋までの区間で、約68haが富山県の鳥獣保護区に設定されている。富山湾に少し突き出たようなところに位置することから、日本海側を渡るサギ類・ガン類・カモ類・チドリ類・シギ類・カモメ類などの重要な中継地となっている。そのため、カラシラサギ・クロツラヘラサギ・サカツラガン・アカツクシガモ・ツクシガモ・オオメダイチドリ・ヨーロッパトウネン・アメリカズグロカモメ・ハジロクロハラアジサシ・クロハラアジサシ・ハシブトアジサシなど、富山県では珍しい鳥の記録も多い。

河口の砂州は、日本海側では最大規模のコアジサシの集団繁殖地（コロニー）となっている。５月から７月にかけて、200羽から300羽程度の成鳥が見られる。また、アジサシの繁殖（日本初記録；1993年）とウミネコの繁殖（富山県初記録；1996年）が確認されている。

出し平ダムと宇奈月ダムの連携排砂が行われる前に行った方が良い。午前中に、右岸側、河口の近くで観察しよう。河口にある砂州などでは、コアジサシが営巣しているだろう。上空をよく見ると、コアジサシよりもゆっくりと羽ばたいて飛んでいるアジサシが見られるかもしれない。また、コアジサシとほぼ同じ大きさで、黒っぽいアジサシ類が飛んでいたら、夏羽のクロハラアジサシかハジロクロハラアジサシである。コアジサシは水中に飛び込んで魚を捕るが、クロハラアジサシ類は水面にいる水棲昆虫を捕る。餌の捕り方の違いを見るのも面白い。なお、コアジサシは、増水によって巣が流されると、国道８号黒部大橋上流の中州でコロニーを造ることもある。

アジサシ類を見たら、左岸側の河口へ行こう。ここでは、堤防の上から鳥を探す。河川敷の砂礫地では、コチドリやシロチドリが巣を造っているからだ。ピォ・ピォと鳴いている鳥がいたらコチドリ、ピュル・ピュルと鳴いていたらシロチドリである。また、近くの電線や河川敷の木では、この地域で繁殖しているコムクドリが見られることもある。

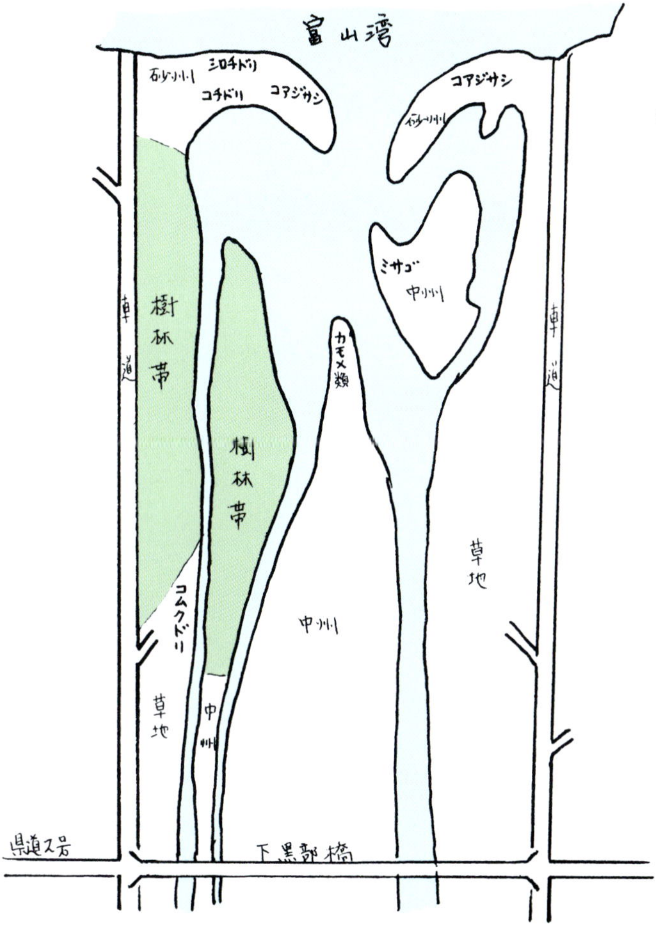

黒部川河口

次頁：コアジサシ（写真：樋口雅彦）

## ㉒ 立山弥陀ヶ原・松尾峠（中新川郡立山町）

おすすめ観察時期：６月下旬から７月中旬
観察時期：６月中旬から９月下旬

北アルプス鳥獣保護区（約64,819ha）のほぼ中央に位置する弥陀ヶ原とその周辺約13,729haは、富山県の鳥獣保護区特別保護地区に設定されている。立山山麓に広がる東西約15km・南北約３kmの溶岩台地の中央の部分で、標高は約1,600mから2,100mである。高原には、餓鬼の田と呼ばれる池塘が数多く存在しており、タテヤマリンドウ・ハクサンチドリ・ゼンテイカ・チングルマ・イワイチョウ・ワタスゲ・モウセンゴケなど、多くの高山植物が見られる。立山駅から立山ケーブルカーに７分間乗り、美女平から高原バスに乗って約30分間で弥陀ヶ原に着く。立山駅から弥陀ヶ原までの往復料金は、大人で3,030円である。

弥陀ヶ原でバスを降りると、アカハラ・ルリビタキ・メボソムシクイのさえずりが聞こえてくる。弥陀ヶ原ホテルの周辺には鳥が多いので、ホテル前の広場で、じっくりと鳥を探してみるのも良い。弥陀ヶ原散策には、内回りコース（約１km）と外回りコース（約２km）がある。外回りコースは、帰路は上り坂が続くのと鳥が少ないので、内回りコースを選ぶのが良いだろう。アオモリトドマツ（オオシラビソの別名）では、メボソムシクイ・ウソ・ホシガラスなどが見られるだろう。

内回りコースを終えたら、立山カルデラ展望台コース（片道約0.6km）を歩いてみるのも良い。国民宿舎立山荘の横から入る。上りは多少きついが、アオモリトドマツ林では、ミソサザイ・ルリビタキ・アカハラ・メボソムシクイ・キクイタダキ・ヒガラ・ウソ・ホシガラスなどが見られるだろう。

上り坂が多くかなりハードになるが、追分から松尾峠（標高1,971.5m）まで足を延ばしてみるのも良い。松尾峠からは、立山カルデラや弥陀ヶ原を眼下に見おろすことができる。

アオモリトドマツ林では、ルリビタキ・ウグイス・メボソムシクイ・キクイタダキ・ヒガラ・ウソ・ホシガラスなどが見られる。上空では、時々アマツバメも飛ぶ。

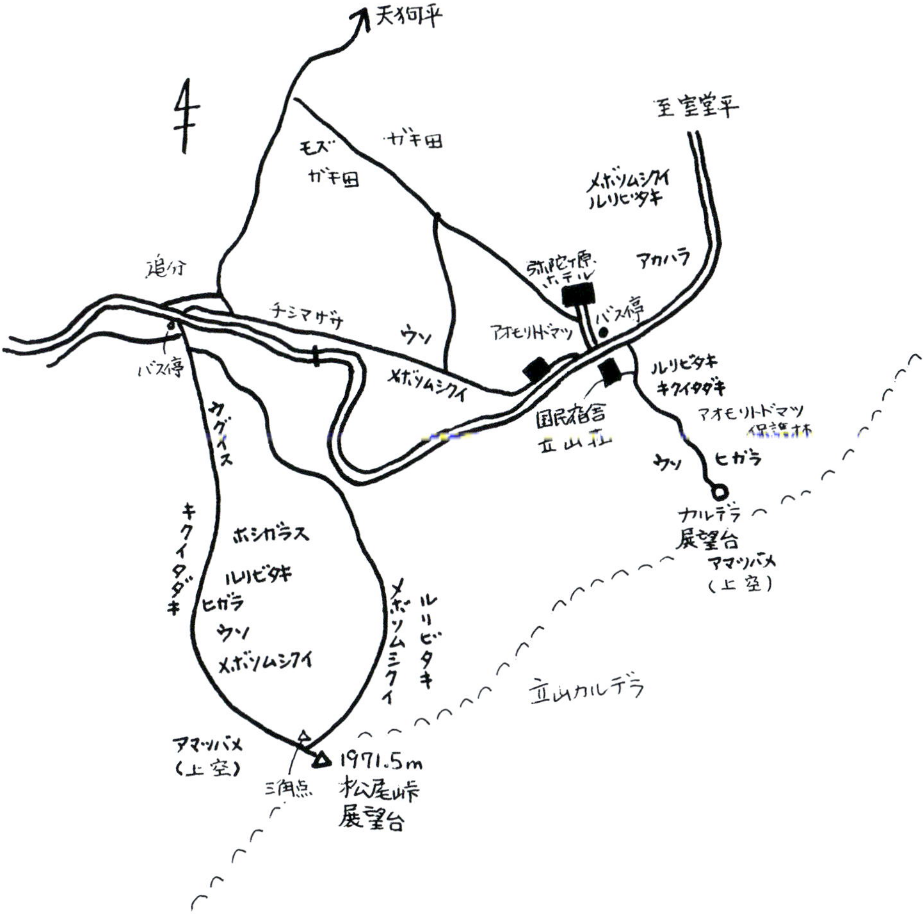
天狗平
至室堂平
モズ
ガキ田
ガキ田
メボソムシクイ
ルリビタキ
弥陀ヶ原ホテル
アカハラ
追分
至美女平
チシマザサ
ウソ
アオモリトドマツ
バス停
バス停
メボソムシクイ
ルリビタキ
キクイタダキ
アオモリトドマツ保護林
国民宿舎
立山荘
ウグイス
ウソ
ヒガラ
カルデラ展望台
アマツバメ
（上空）
キクイタダキ
ホシガラス
ルリビタキ
ヒガラ
ウソ
メボソムシクイ
メボソムシクイ
ルリビタキ
立山カルデラ
アマツバメ
（上空）
三角点
1971.5m
松尾峠
展望台

弥陀ヶ原

上：ウソ（写真：松木鴻諮）、下：魚津市で越冬するイワヒバリ（写真：松木鴻諮）

上：チョウゲンボウ（写真：樋口雅彦）、下：ライチョウ（写真：松木鴻諮）

## ㉓ 立山室堂平（中新川郡立山町）

おすすめ観察時期：５月上旬から６月中旬，７月中旬から７月下旬
観察時期：５月上旬から11月中旬

室堂平は、立山連峰の懐部に位置する溶岩台地である。中心部の標高は約2,450ｍ、中部山岳国立公園北部エリアの中心で、富山県の北アルプス鳥獣保護区特別保護地区（約13,729ha）に設定されている。これまでに記録された鳥類は、チョウゲンボウ・ライチョウ・イワツバメ・イワヒバリ・カヤクグリ・ルリビタキ・メボソムシクイ・ホシガラスなど、約100種である。そのうち38種は、４月下旬から５月下旬の渡りの季節に死体が見つかっている。渡りの途中に遭難死したものと考えられる。海洋の鳥であるオオミズナギドリ（1987年11月８日）や、主に磯で生息するイソヒヨドリ（1998年10月24日）の記録もある。また、山崎カール下で、ミゾゴイ（1997年６月22日）の初列風切羽が見つかったこともある。

高山植物の宝庫で、夏期にはチングルマ・タテヤマリンドウ・イワイチョウ・コバイケイソウ・ミヤマキンバイ・イワカガミ・ハクサンイチゲなど、多くの植物を見ることができる。

立山駅から立山ケーブルカーに７分間乗り、美女平駅から高原バスに乗って約50分間で室堂に着く。立山駅から室堂までの往復料金は、大人で4,190円である。なお、地獄谷歩道は、火山ガスの噴出によって、2012年より通行止めになった。

ライチョウの観察に適しているのは、雄が縄張りを形成している５月上旬から縄張りが安定している６月中旬まで、もしくは、卵から孵って間もない雛と高山植物の花が見られる７月中旬から７月下旬までである。ただし、７月下旬は登山者や観光客が多いので、早朝から行くか、もしくは午後から行って宿泊した方が良いだろう。

探鳥には、ミクリガ池周回コース（約1.7km、約１時間）を、時間をかけてゆっくりと回るのが良い。ミクリガ池周辺のハイマツ林では、ライチョウ・カヤクグリ・メボソムシクイに出会える可能性が高い。イワヒバリは、岩場や開けた場所で見られる。イワツバメは、ターミナルホテルなどで集団で営巣している。また、上空では、イワツバメのほかにアマツバメが時々飛ぶ。ルリビタキは、室堂平周辺のミヤマハンノキやダケカンバ林で見られる。

オコジョは、室堂平に広く生息しているが、見られる機会は少ない。旧室堂山荘（国指定重要文化財・日本最古の山小屋）周辺では、見られる頻度は比較的高い。

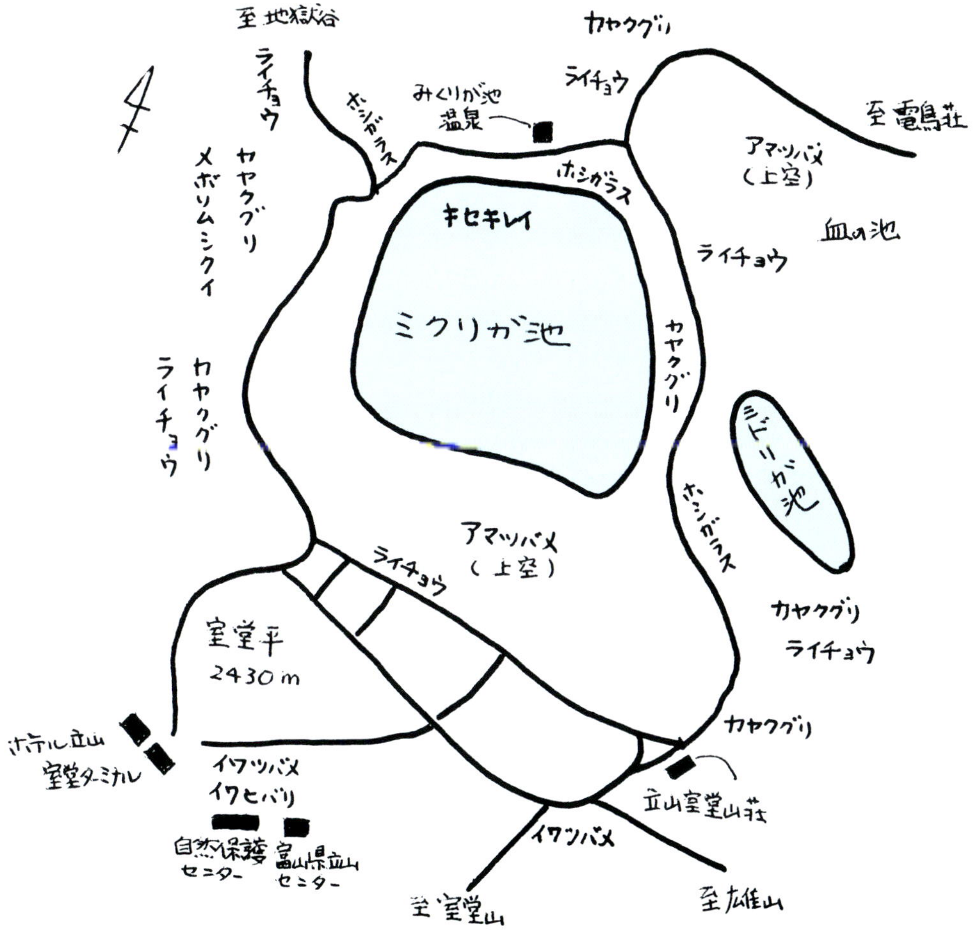
至 地獄谷
カヤクグリ
ライチョウ
ライチョウ
ホシガラス
みくりが池
温泉
至 雷鳥荘
カヤクグリ
メボソムシクイ
アマツバメ
(上空)
ホシガラス
キセキレイ
血の池
ライチョウ
ミクリガ池
カヤクグリ
カヤクグリ
ライチョウ
ミドリガ池
ホシガラス
アマツバメ
(上空)
ライチョウ
カヤクグリ
ライチョウ
室堂平
2430m
カヤクグリ
ホテル立山
室堂ターミナル
イワツバメ
イワヒバリ
立山室堂山荘
自然保護
センター
富山県立山
センター
イワツバメ
至 室堂山
至 雄山

室堂平

コラム 6

## 立山のライチョウについて

ライチョウは、キジ目の鳥類で、北半球の中緯度から北極圏にわたり、世界で16種が生息すると言われている。日本に生息するのは、ツンドラ性のライチョウと森林性のエゾライチョウである。立山など中部山岳に生息するツンドラ性のライチョウは、氷河期に南下したものが高山に取り残されたもの（氷河期の遺留種）と考えられている。

ライチョウの学名はLagopus mutusである。ラゴプスは「ウサギの足」、ムツスは「無声の」という意味である。あまり鳴かないライチョウの足が、ウサギの足のように指先まで羽毛でおおわれていることから、このように名付けられている。和名は、「らいの鳥」と表記されていたものが、江戸時代の中頃から「雷鳥」と表記されるようになった。

1955年、国の特別天然記念物に指定された。体長は約37cm、体重は約500ｇ、キジバト（体長34cm）より少し大きな鳥である。富山雷鳥研究会によると、全国に約3,000羽、富山県に約1,300羽、立山では標高2,200m以上に約300羽が生息するとのことである。立山で標識調査によって確認された最長寿個体は、雄が13年、雌が12年である。植物の花・芽・果実・種子・葉・茎などを主に採食する。立山では、ガンコウラン・アオノツガザクラ・ハクサンボウフウ・ショウジョウスゲ・クロマメノキ・ヒロハノコメススキなど、これまでに約130種の採食植物が確認されている。ハエ・ガ・アリ・ミヤマフキバッタなどの昆虫類やクモ類を食べることもある。

立山では、雄は５月上旬頃からナワバリを形成する。広さは２～３ha、ほぼ同じつがいが前年と同じ場所にナワバリを構える。巣は、簡単な造りで、ハイマツの陰に造られることが多い。交尾は、主に５月下旬から６月上旬に行われる。産卵は、主に６月上旬から６月中旬に行われ、ほぼ１日に１卵の割合で産む。室堂平で10数年間に観察された50巣では、１巣あたりの産卵数は３卵～７卵、平均約６卵である。卵は、赤茶色もしくは白っぽい色で、暗褐色の斑点がある。抱卵は雌だけが行う。

卵は約３週間で孵化する。雛は早成性で、卵から孵った時には既にある程度羽毛に包まれている。すぐに眼や耳が開き、羽毛が乾く頃には自分で立って歩き出す。室堂平では、７月５日頃から７月10日頃に巣立つ。巣には二度と戻らない。雛は自分で体温を一定に保つことができないため、５分間程採食すると、雌親の腹の下に潜り込んで体を温める。巣立ち後、約４週間で初生羽から幼羽になる。幼鳥は４ヶ月程度雌親と行動を共にし、10月頃には親離れをする。約1,200m地点で越冬していた個体が見つかっている。（松木鴻諮記）

# 秋～冬

## 越冬している鳥たちを見に行こう!!

コミミズク（絵：佐々木志真）

## ㉔ 氷見海岸鳥獣保護区（高岡市伏木～氷見市脇）

おすすめ観察時期：１月下旬・３月下旬・４月下旬・９月上旬・10月下旬・12月下旬
観察時期：１年中

高岡市伏木港から石川県境までの海岸と海域で、約6,905haが富山県の鳥獣保護区に設定されている。磯・砂浜などの自然海岸が残っていること、海域が優れた漁場であることから、アビ類・カイツブリ類・ミズナギドリ類・ウ類・サギ類・ガン類・カモ類・チドリ類・シギ類・カモメ類・ウミスズメ類など、海鳥の生息地となっている。

高岡市国分浜から氷見市島尾海岸にかけて、春・秋の渡りのシーズンには、羽を休めていくチドリ類・シギ類が見られることがある。自然海岸が少ない富山県では、チドリ類・シギ類が餌を捕れる場所は限られているので、この地域は県下では貴重な渡来地となっている。個体数が多くなるのは８月下旬から９月中旬までなので、この時期に出かけるのが良いだろう。シロチドリ・メダイチドリ・ダイゼン・キョウジョシギ・トウネン・ハマシギ・コオバシギ・オバシギ・ミユビシギ・キリアイ・キアシシギ・ソリハシシギ・オオソリハシシギ・チュウシャクシギなどが見られることがある。運が良ければ、ミヤコドリ・ヘラシギ・カラフトアオアシシギ・ダイシャクシギ・ホウロクシギなどの珍しい鳥が見られることもある。また、島尾海岸では、毎年20羽くらいのシロチドリが越冬する。

ウミウは、冬期に、男岩周辺・阿尾海岸・氷見市脇にある仏島などで見られる。男岩では、ウミウの群れの中に１～３個体のヒメウが見られることがある。阿尾海岸でも、魚を捕っているヒメウが見られることがある。

コクガンは、12月下旬に、氷見漁港の東側の海岸で見られることがある。阿尾海岸で見られることもある。

クロサギは１年中富山県で見られる留鳥だが、県内の海岸で生息する個体数は10羽程度の希少種である。国分浜から雨晴マリーナの区間・新川河口から氷見漁港の区間・阿尾海岸・灘浦海岸などでよく見ることができる。また、これらの地域では、イソヒヨドリもよく見かける。

国分の岩崎鼻灯台周辺では、４月下旬から５月上旬にかけて、北へ向かうヒヨドリやメジロなどが渡りの途中に羽を休めて行く。時には、ハヤブサが灯台周辺の木から海に向かって飛び出した小鳥の群れを襲うところを見ることができるだろう。

雨晴海岸の南側に位置する丘陵地一帯（二上山など）は、ミサゴのルーズコロニー（巣の間隔が密ではないが、一定の範囲内に多数の巣がある集団繁殖地）がある地域となっている。そのため、４月から６月にかけて国分海岸から島尾海岸では、魚や巣材として使う乾燥した海藻を運んでいるミサゴが見られる。

島尾海岸沖では、10月に入ると、南へ渡って行くカモ類（ヒドリガモなど）が羽を休めていくようになる。日本海側における重要な中継地になっているため、多いときには数千羽の群れが見られるだろう。冬期は、ウミウ・ハジロカイツブリ・ミミカイツブリ・アカエリカイツブリ・カンムリカイツブリ・ホオジロガモなどが見られる。アビ・オオハム・シロエリオオハム・オオミズナギドリ・クロガモ・ビロードキンクロ・コオリガモ・ウミスズメなどが見られることもある。

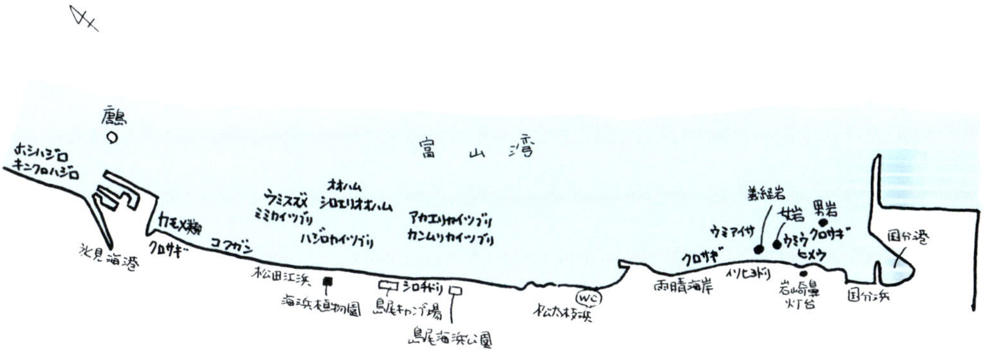

高波が押し寄せた高岡市伏木男岩とウミウ（写真：松木鴻諮）

上：オオソリハシシギとオバシギ（写真：樋口雅彦）、下：コクガン（写真：船山寿人）

：トウネン（写真：松木鴻諮）、下：イソヒヨドリ（写真：樋口雅彦）　　次頁：クロサギ（写真：松木鴻諮）

## ㉕ 早月川・蓑輪地区（滑川市蓑輪）

おすすめ観察時期：10月上旬から10月下旬
観察時期：４月下旬から11月中旬

早月川の河口から約10km上流の地域である。右岸側、蓑輪堰堤から約250m上流のところで、小早月川が早月川に合流している。

10月になるとこの辺りでは、魚を捕っているヤマセミが見られることがある。堰堤上流に広がる水面では、カルガモの群れが見られる。堰堤下ではカワガラス・セグロセキレイ・キセキレイなどが見られる。豊隆橋下流左岸側、蓑輪温泉辺りでは、４月下旬から５月上旬にかけて、キジバト・ヒヨドリ・ウグイス・オオルリ・エナガ・ヤマガラ・シジュウカラ・メジロ・イカル・シメなどが見られる。

ヤマセミ（写真：野村隆義）

## ㉖ 富山新港第２貯木場（射水市七美）

おすすめ観察時期：12月上旬から12月下旬
観察時期：１年中

富山新港の東側、射水市七美地区にある。かつての放生津潟の一部で、約20haの水面が広がっている。北側にある中野水面整理場（現在は富山新港火力発電所の産業廃棄物処分場になっている）は、以前はカモ類の県下最大規模の越冬地となっていたところで、多いときには約8,000羽が観察されたこともある。現在は埋め立てが進みカモ類は減ってしまったので、南側の第２貯木場で観察するのが良いだろう。国道415号の七美（二十六町）交差点から東へ約500m行くと柳瀬新橋がある。この橋を渡って、左に曲がったところに空地がある。ここに車を停めて観察しよう。

ハヤブサ・カワウ・カンムリカイツブリ・コサギ・アオサギ・ユリカモメ・セグロカモメ・ウミネコ・オオバンなどや、マガモ・カルガモ・コガモ・オカヨシガモ・ヒドリガモ・オナガガモ・ハシビロガモ・ホシハジロ・キンクロハジロ・スズガモ・ミコアイサなど、約2,000羽のカモ類が見られる。マガン・オオハクチョウ・ツクシガモ・オシドリ・トモエガモ・ヨシガモ・アメリカヒドリ・オオホシハジロ・ホオジロガモなどが見られたこともある。

また、貯木場の杭は、ミサゴが魚を食べるところとして利用されている。周辺の草地では、ここで繁殖するケリや、獲物を探すチュウヒなどが見られることがある。

ミコアイサ（写真：百澤良吾）

## ㉗ 小矢部川・二上橋下流域（高岡市二上新）

おすすめ観察時期：１月上旬から２月下旬
観察時期：１年中

小矢部川の下流域、二上橋から米島大橋の区間である。右岸側には、㈱日本曹達高岡工場がある。鳥は右岸側から見るのが良い。

高岡特定猟具使用禁止区域内（3,761ha）にあって銃猟が禁止されているため、冬期にはカルガモ・コガモ・ヨシガモ・オカヨシガモ・ヒドリガモ・ホシハジロなど、約500羽のカモ類が越冬する。富山県で越冬するヨシガモの個体数は100羽程度だが、ここではその約半数が越冬する。カモ類のほかに、カワウ・アオサギ・ミサゴ・ノスリ・オオバン・ユリカモメ・セグロカモメ・カワセミ・モズ・ツグミ・ホオジロなどが見られる。

シロエリオオハム（柴田樹）

## ㉘ 魚津海岸（魚津市経田・北鬼江）

おすすめ観察時期：１月上旬から２月下旬
観察時期：11月上旬から４月下旬

片貝川と早月川との間の地域で、約1,160haが富山県の魚津特定猟具使用禁止区域（銃）に設定されている。観察が困難になるが、厳冬期に行くのが良い。

経田漁港では、アオサギ・ホシハジロ・キンクロハジロ・ユリカモメ・セグロカモメ・オオセグロカモメ・カモメ・ウミネコなどが見られる。また、ハジロカイツブリ・ウミアイサ・オオハム・シロエリオオハムなどが見られることもある。経田漁港の南側、テトラポッドの防波堤の内側では、カワウ・マガモ・カルガモ・ヒドリガモなどが見られる。

県道２号の北鬼江西交差点付近では、ウミウ・ヒメウ・アオサギ・ヒドリガモ・ハシビロガモ・ユリカモメ・セグロカモメ・オオセグロカモメ・カモメ・ウミネコなどが見られる。また、シノリガモ・シロカモメが見られることもある。沖では、オオハム・シロエリオオハム・ウミスズメなどが見られることもある。

海の駅付近では、カンムリカイツブリ・ヒドリガモなどが見られるが、鳥は少ない。

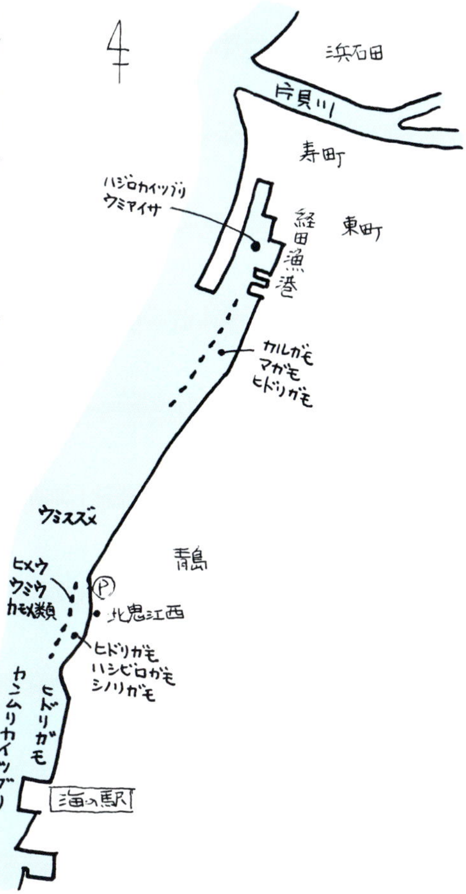

## ㉙ 十二町潟水郷公園（氷見市十二町）

おすすめ観察時期：２月上旬から２月下旬
観察時期：１年中

氷見バイパス国道160号の朝日丘交差点から県道76号を約１km西へ行ったところにある。朝日山鳥獣保護区（716ha）内の南に位置し、富山県の鳥獣保護区に設定されている。十二町潟は、オニバスの発生地であることから、国指定の天然記念物に指定されている。また、十二町潟に沿って流れる万尾川には、国指定天然記念物のイタセンパラが生息している。

いこいの広場付近の駐車場に車を停めたら、先ず池全体を見渡してみよう。約50羽のオオハクチョウのほかに、オオバン・マガモ・カルガモ・コガモ・オナガガモ・ホシハジロ・キンクロハジロなどを見ることができるだろう。晴れた日には、海洋センター前から潟の縁を歩けるようになっている木道を歩いてみるのも良い。潟を一通り見たら、中央にある横断橋を渡り、水生植物園と野鳥の池を見てみよう。ハクセキレイ・セグロセキレイ・アオサギのほかに、カワセミが見られることもある。マガンとヒシクイが越冬したこともある。

ツグミ（写真：松木鴻諮）

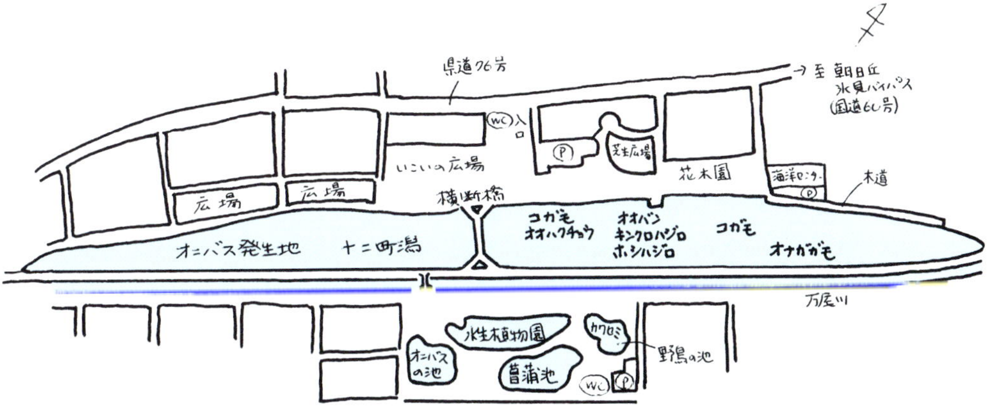
県道76号
至 朝日丘
氷見バイパス
(国道160号)
WC
入口
P
芝生広場
いこいの広場
花木園
海洋センター
P
木道
広場
広場
横断橋
コガモ
オオハクチョウ
オオバン
キンクロハジロ
ホシハジロ
コガモ
オナガガモ
オニバス発生地
十二町潟
万尾川
水生植物園
カワセミ
野鳥の池
オニバスの池
菖蒲池
WC
P

十二町潟

## ㉚ 小矢部川・茅蜩橋下流域（小矢部市石王丸）

おすすめ観察時期：２月中旬から３月中旬
観察時期：１年中

小矢部川にかかる国道８号の茅蜩橋（ひぐらしばし）の下流域で、小矢部川特定猟具使用禁止区域(銃)(2,106ha) に設定されている。茅蜩橋から約2.3km下流にある聖人橋（小矢部市岡）から、右岸側を川沿いに行くのが良い。

冬期には、カワウ・マガモ・カルガモ・コガモ・オカヨシガモ・ヒドリガモ・オナガガモ・ハシビロガモ・ホシハジロ・キンクロハジロ・ホオジロガモ・カワアイサなどのカモ類や、カイツブリ・カワウ・ダイサギ・コサギ・アオサギ・ミサゴ・ハイタカ・ノスリ・コチョウゲンボウ・チョウゲンボウ・オオバン・タシギ・カワセミ・セグロセキレイ・ハクセキレイ・シジュウカラ・エナガ・メジロ・ツグミ・ホオジロ・オオジュリン・オナガなど、多くの鳥が観察できる。富山県では珍しいケアシノスリ・アカツクシガモの記録もある。

コミミズク（写真：松木鴻諮）

コラム 7

## 有害鳥獣の捕獲について

1．有害鳥獣の捕獲には、下記の場合については環境大臣の許可が必要となる。その他の場合については、県知事の許可が必要となる。

①国指定鳥獣保護区内において捕獲等又は採取等する場合

②「鳥獣の保護及び狩猟の適正化に関する法律」（以下、鳥獣保護法と記す）施行規則第４条に規定する希少鳥獣を対象として捕獲等又は採取等する場合

③かすみ網を用いて捕獲等する場合

④爆発物・劇薬・毒薬を使用する猟法・据銃・陥穽、その他人の生命又は身体に重大な危害を及ぼすおそれがあるわなにより捕獲等する場合

2．有害鳥獣の捕獲において、富山県知事が市町村に許可を委譲しているものには、次のようなものがある。

鳥類；ゴイサギ・キジバト・カワラバト（ドバト）・カルガモ・ヒヨドリ・スズメ・ムクドリ・ハシボソガラス・ハシブトガラス

獣類；ノイヌ・ノネコ・ノウサギ・タヌキ・ハクビシン・イノシシ・ニホンザル
ニホンザルは、東部８町村で富山県ニホンザル保護管理計画に基づく個体数調整を目的とする捕獲の場合のみである。

3．有害鳥獣捕獲の申請方法について

鳥獣保護法施行規則第７条に定める申請書を許可者に提出する。

現在は、例外を除いて、市町村が編成する有害鳥獣捕獲隊の隊員へのみ捕獲許可を出している。例外とは、塀等に囲まれた住宅等の敷地内におけるわなによる捕獲については、わな猟の免許を持つ個人に許可できることになっている。これに基づいて、ハクビシンなどの捕獲許可を、わな猟の免許を持つ業者の従業員に出している例がある。

4．平成22年度における有害鳥獣の捕獲状況について

①特定鳥獣保護管理計画に基づく個体数の調整を目的としたものは、富山県ではなかった。

②鳥による被害の防止を目的とするものには、次のものがあった。

カワウ（341羽）・ゴイサギ（103羽）・アオサギ（70羽）・カルガモ（151羽）・ヒヨドリ（130羽）・ムクドリ（817羽）・カラス類（4,360羽，卵2,761個）・ドバト（31羽、卵２個）

許可証交付数計1,675回　　　鳥の捕獲数計6,003羽
許可証交付数計　182回　　　卵の捕獲数計2,763個

5．富山県内で狩猟をするための申請方法等と狩猟税等について

①狩猟者登録は、該当する銃器・わな等の免許を持っている者だけが申請できる。
②富山県農林振興センターに狩猟者登録申請書を提出する。狩猟者登録証交付時に講習会に出席すると、狩猟者登録証と狩猟者記章が交付される。
③狩猟税は1年間につき、次の通りである（所得によって減免処置がある）。
第一種銃猟（ライフル銃・散弾銃・圧縮ガス銃・空気銃）　16,500円
第二種銃猟（圧縮ガス銃・空気銃）　5,500円
網猟　　8,200円
わな猟　8,200円
④申請手数料は、1種目につき1,800円を県証紙で納入する。
⑤22年度の狩猟者登録数977件
⑤狩猟税額　計13,905,500円
⑥狩猟者登録手数料　1,800円×977件＝計1,758,600円

6．毎年放鳥されているキジについて

①平成22年度に、富山県が富山県猟友会に委託して放鳥したキジの個体数は700羽であった。なお、富山県猟友会では、独自にキジを放鳥している。
②平成22年度の委託費は、計3,012,000円であった。（大菅正晴記）

## ㉛ 福山大溜池（砺波市安川）

おすすめ観察時期：10月中旬・２月下旬から３月上旬
観察時期：１年中

ＪＲ城端線砺波駅から東へ約６km、砺波ロイヤルホテル前にある約３haの溜池である。溜池を中心に、約227haが富山県の砺波東部特定猟具使用禁止区域(銃)に設定されている。10月上旬から12月上旬にはオシドリがよく入り、多いときには約200羽が見られる。

冬期は、オシドリ・マガモ・カルガモ・コガモ・ヒドリガモ・オナガガモ・ホシハジロ・キンクロハジロなどのカモ類や、カイツブリ・ダイサギ・コサギ・アオサギ・ミサゴ・オオタカ・ノスリ・コチョウゲンボウ・チョウゲンボウ・カワセミ・アオゲラ・アカゲラ・コゲラ・モズ・ミソサザイ・ジョウビタキ・ウグイス・ツグミ・エナガ・コガラ・ヤマガラ・シジュウカラ・メジロ・カシラダカ・ベニマシコ・カケスなど、多くの鳥が観察される。オジロワシが観察されたこともある。

オシドリ（写真：百澤良吾）

## ㉜ 田尻池鳥獣保護区（富山市山本）

おすすめ観察時期：３月上旬から３月中旬
観察時期：10月下旬から３月中旬

射水丘陵の東端に位置する農業用溜池（約１ha）である。池とその周辺約５haが富山県の鳥獣保護区に設定されている。午前７時と午後４時に、田尻池白鳥愛好会のメンバーによって餌が撒かれるので、この頃に行くのが一番良いだろう。なお、午前７時から午後５時頃まで、一部のオオハクチョウは婦中町河原町の方へ移動する。

射水市黒河から県道31号で南へ約2.5km行くと、西押川の交差点がある。ここを右に曲がり県道237号を約１km行くと、右側に田尻池と書かれた大きな看板が見えてくる。駐車場に車を停めたら、池の周囲をゆっくりと歩いてみよう。約100羽のオオハクチョウのほかに、コハクチョウ・キンクロハジロ・ホシハジロ・コガモ・マガモ・カルガモ・オナガガモなどが見られるだろう。そのほか、カイツブリ・ダイサギ・コサギ・アオサギ・ハクセキレイ・モズ・ツグミなどもよく見られる。また、カワセミ・オシドリ・マガンなどが見られることもある。富山県では珍しいツクシガモの記録もある。

田尻池

田尻池のハクチョウ類の渡来状況（富山県自然保護課発表）

| 年度 | 最大確認数 | 初渡来日 | 渡去日 |
|---|---|---|---|
| 平成元年 | 77羽 | 平成元年11月25日 | 平成２年３月16日 |
| 2年 | 76羽 | 平成２年11月９日 | 平成３年３月15日 |
| 3年 | 80羽 | 平成３年11月９日 | 平成４年３月11日 |
| 4年 | 90羽 | 平成４年10月18日 | 平成５年３月14日 |
| 5年 | 102羽 | 平成５年10月16日 | 平成６年３月17日 |
| 6年 | 125羽 | 平成６年10月25日 | 平成７年３月14日 |
| 7年 | 96羽 | 平成７年11月６日 | 平成８年３月10日 |
| 8年 | 86羽 | 平成８年10月21日 | 平成９年３月５日 |
| 9年 | 95羽 | 平成９年11月10日 | 平成10年３月14日 |
| 10年 | 85羽 | 平成10年11月６日 | 平成11年２月28日 |
| 11年 | 107羽 | 平成11年10月24日 | 平成12年３月14日 |
| 12年 | 115羽 | 平成12年10月30日 | 平成13年３月14日 |
| 13年 | 124羽 | 平成13年11月５日 | 平成14年２月23日 |
| 14年 | 120羽 | 平成14年10月31日 | 平成15年４月６日 |
| 15年 | 104羽 | 平成15年10月22日 | 平成16年２月29日 |
| 16年 | 103羽 | 平成16年11月18日 | 平成17年３月11日 |
| 17年 | 86羽 | 平成17年10月27日 | 平成18年３月29日 |
| 18年 | 130羽 | 平成18年10月25日 | 平成19年３月15日 |
| 19年 | 135羽 | 平成19年10月29日 | 平成20年３月24日 |
| 20年 | 110羽 | 平成20年11月11日 | 平成21年３月15日 |
| 21年 | 89羽 | 平成21年10月17日 | 平成22年３月22日 |
| 22年 | 252羽 | 平成22年10月30日 | 平成23年３月19日 |

# 富山県鳥類目録（2012年４月30日現在）

この鳥類目録は、日本の野鳥の会富山発行の『富山でバードウォッチング』（1997年５月15日、桂書房発行）に掲載された「富山県の鳥類チェックリスト」（1997年３月）に、富山県鳥類生態研究会で標本・写真・ビデオにより記録を新たに確認できた種を追加して作成したものです。尚、この目録の作成にあたって、日本野鳥の会富山・調査部のご協力を得ました。

**＊主な渡り区分**

留鳥；富山県内で１年中観察されるもの。春から夏に富山県内で繁殖する。

夏鳥；春に富山県よりも南方から渡って来て繁殖し、夏から秋に再び南方へ去るもの。

冬鳥；秋に富山県よりも北方から渡って来て越冬し、春に再び北方へ去るもの。

旅鳥；富山県よりも北方で繁殖し、南方で越冬するもの。富山県では、春と秋に観察される。

迷鳥；富山県が渡りのコース上に位置しないため、本来は富山県に渡来しないと考えられるもの。

**＊観察頻度**

極稀；過去20年間の観察例が０～３回で、極めて稀なもの。

稀　；数年に１回程度しか観察されないもの。

少　；ほぼ毎年観察例はあるが、観察頻度が少ないもの。

普　；毎年普通に観察されるが、個体数がそれほど多くないため、観察頻度もそれほど多くないもの。

多　：毎年普通に観察され、個体数が多く観察頻度も多いもの。

## アビ目

### アビ科

| | | | |
|---|---|---|---|
| 1. アビ | 冬鳥 | 少 | 魚津市魚津海岸・富山市浜黒崎海岸・氷見市氷見海岸などの沖合で少数が越冬する。時々漁港に入ってくる。 |
| 2. オオハム | 冬鳥 | 少 | 魚津市魚津海岸・氷見市氷見海岸などの沖合で少数が越冬する。時々漁港に入ってくる。近年では黒部市黒部漁港（2010年３月８日）・魚津市経田漁港（2010年２月10日）・魚津市北鬼江（2004年２月28日）・滑川市滑川漁港（1993年１月６日）などで記録がある。 |
| 3. シロエリオオハム | 冬鳥 | 少 | 魚津市魚津海岸・富山市浜黒崎海岸・氷見市氷見海岸などの沖合で少数が越冬する。時々漁港に入ってくる。近年では黒部市黒部漁港（2010年３月８日）・魚津市経田漁港（2011年３月３日）・滑川市滑川漁港（2010年２月６日）・射水市海王町（1996年４月27日）・射水市新湊漁港（1996年12月29日）・氷見市氷見漁港（1997年１月26日）などで記録がある。 |

### カイツブリ科

| | | | |
|---|---|---|---|
| 4. カイツブリ | 留鳥 | 普 | 富山市富岩運河環水公園・射水市海王バードパークなど、平地から山地の池や河川に広く分布する。 |
| 5. ハジロカイツブリ | 冬鳥 | 普 | 氷見市氷見海岸・魚津市魚津海岸などの沖合や漁港内で越冬する。河川の河口部や中流部で見られることもある。 |
| 6. ミミカイツブリ | 冬鳥 | 少 | 氷見市氷見海岸・魚津市魚津海岸などの沖合で少数が越冬する。河川の下流部で見られることもある。富山市上市川河口（1997年１月９日）・射水市庄川高新大橋上流（1991年10月27日）（1996年12月24日）（2010年10月４日）・滑川市滑川漁港（2010年２月６日）（2010年12月12日）などで記録がある。 |
| 7. アカエリカイツブリ | 冬鳥 | 少 | 氷見市氷見海岸・魚津市魚津海岸などの沖合で少数が越冬する。射水市庄川大門大橋付近（2012年３月22日）・砺波市和田川増山大橋（2001年２月22日）・南砺市桜ヶ池（2001年10月25日）など内陸部での記録もある。 |
| 8. カンムリカイツブリ | 留・冬 | 普 | 沿岸海域や港湾、河川の下流部などで越冬する。富山市神通川中島大橋上流で営巣（2002年５月22日に孵化）したことがある。 |

## ミズナギドリ目

### ミズナギドリ科

| | | | |
|---|---|---|---|
| 9. アナドリ | 迷鳥 | 極稀 | 射水市海王町（2004年６月30日）で衰弱した個体が保護された記録がある。 |

| | | | |
|---|---|---|---|
| 10. オオミズナギドリ | 冬鳥 | 少 | 冬期に氷見市氷見海岸沖などで見られることがある。近年では黒部市黒部川河口（2009年３月29日）・氷見市氷見漁港沖（2009年10月20日）などで記録がある。射水市海王バードパーク（2004年５月７日）で死体の記録がある。立山町室堂平ミクリガ池近く（1987年11月８日）で衰弱した個体が保護された記録がある。 |
| 11. オナガミズナギドリ | 迷鳥 | 極稀 | 伊勢湾台風後に南砺市西赤尾で落鳥した個体が見つかった記録（1959年９月28日）がある。<br>氷見市島尾海岸沖（2008年11月24日）で淡色型の記録がある。 |
| 12. ハシボソミズナギドリ | 迷鳥 | 極稀 | 氷見市島尾海岸（1988年７月６日）で衰弱した個体の記録がある。 |

### ウ科

| | | | |
|---|---|---|---|
| 13. カワウ | 留鳥 | 多 | 大きな河川で見られる。海岸でも見られる。1996年頃より個体数が増加した。 |
| 14. ウミウ | 冬鳥 | 普 | 高岡市雨晴海岸男岩・氷見市仏島・魚津市北鬼江などで少数が越冬する。 |
| 15. ヒメウ | 冬鳥 | 少 | 高岡市雨晴海岸・氷見市阿尾海岸・魚津市北鬼江などで数個体が越冬する。富山市神通川河口（1995年１月１日）の記録がある。 |

### グンカンドリ科

| | | | |
|---|---|---|---|
| 16. コグンカンドリ | 迷鳥 | 極稀 | 射水市海王町（1999年10月４日）などで記録がある。 |

## コウノトリ目

### サギ科

| | | | |
|---|---|---|---|
| 17. サンカノゴイ | 旅鳥 | 稀 | 氷見市十二町潟（1976年11月15日）・高岡市庄川あしつき公園（2009年４月４日）などで記録がある。河川の中流部などで数例の報告例がある。 |
| 18. ヨシゴイ | 夏鳥 | 少 | 河川や池の葦原などで少数が繁殖する。<br>富山市平榎・射水市海王バードパークなどで見られることがある。 |
| 19. ミゾゴイ | 夏鳥 | 稀 | 南砺市・富山市などの山地で少数が繁殖する。5月20日前後に高岡市姫野新港の森など平地の緑が多い公園などで見られることもある。立山町長倉（1976年９月５日）・富山市山田谷（1974年９月21日）・富山市猿倉山（1994年８月30日）・富山市長岡（2007年10月23日）・高岡市戸出（2009年９月22日）など秋の記録もある。立山町弥陀ヶ原（1997年４月18日）でも記録がある。標高2,600mの立山町山崎カール下（1997年６月22日）で初列風切羽１枚が見つかった記録がある。 |

| | | | |
|---|---|---|---|
| 20. ゴイサギ | 留鳥 | 多 | 水田や河川などで見られる。富山市横越・射水市庄川高新大橋上流・高岡市高岡古城公園など繁殖する。 |
| 21. ササゴイ | 夏鳥 | 普 | 神通川や庄川の下流部などで少数が繁殖する。池や海岸で見られることもある。 |
| 22. アカガシラサギ | 旅鳥 | 稀 | 富山市浜黒崎（1990年７月19日）・富山市北代（1995年５月４日）・富山市宮尾（2005年５月12日 ）・富山市平榎（2005年８月７日）などで記録がある。 |
| 23. アマサギ | 夏鳥 | 多 | 水田や河川などで見られる。富山市横越・射水市庄川高新大橋上流などで繁殖する。 |
| 24. ダイサギ | 夏・冬 | 多 | 亜種チュウダイサギは富山市横越などで少数が繁殖する。亜種オオダイサギは大きな河川の中流部などで越冬する。亜種オオダイサギは近年個体数が増加している。 |
| 25. チュウサギ | 夏鳥 | 普 | 水田や河川などで見られる。富山市横越・射水市庄川高新大橋上流などで少数が繁殖する。 |
| 26. コサギ | 留鳥 | 多 | 水田や河川などで見られる。富山市横越・射水市庄川高新大橋上流などで繁殖する。 |
| 27. カラシラサギ | 旅鳥 | 少 | 黒部市黒部川河口（1995年７月９日）（2004年５月26日）（2004年６月９日）（2004年８月23日）（2005年７月23日）・魚津市片貝川河口（1993年６月２日）・富山市常願寺川今川橋上流（1991年７月１日）（2006年７月13日）（2008年７月14日）（2009年６月10日）・射水市海竜町（1987年３月29日）（1988年８月3日）（1990年８月28日）（1991年７月29日）・射水市庄川高新大橋上流（1986年６月29日）（1987年５月18日）（1988年６月12日）（1989年５月23日）（1990年６月28日）（1993年７月４日）（1996年７月27日）・射水市庄川河口（1986年10月18日）・高岡市小矢部川国条橋下流（1986年６月28日）・高岡市国分浜（2004年８月21日）・氷見市島尾海岸（1986年９月24日）（2010年９月12日）などで記録がある。 |
| 28. クロサギ | 留鳥 | 普 | 氷見市氷見海岸・黒部市黒部川河口などで見られる。個体数はとても少ない。氷見市虻ガ島（2008年７月10日）で雛と巣が確認された記録がある。 |
| 29. アオサギ | 留鳥 | 多 | 水田や河川などで見られる。富山市横越・射水市庄川高新大橋上流・射水市海王バードパーク（2012年）などで繁殖する。立山町黒部湖（1997年）で記録がある。 |
| 30. ムラサキサギ | 旅鳥 | 極稀 | 射水市海王町（1988年10月13日）・富山市常願寺川今川橋上流（1996年６月20日）（2002年８月31日）などで記録がある。 |

コウノトリ科

| | | | |
|---|---|---|---|
| 31. コウノトリ | 旅鳥 | 極稀 | 富山市常願寺川今川橋上流（1953年８月16日）（1978年８月15日）（2002年６月４日）などで記録がある。 |

### トキ科

| | | | |
|---|---|---|---|
| 32. ヘラサギ | 旅・冬 | 稀 | 黒部市黒部川河口（2004年9月22日）・富山市常願寺川今川橋上流（2009年７月４日）・射水市海王町（1988年１月17日）・高岡市福岡町小矢部川土屋橋上流（1988年１月27日）などで記録がある。 |
| 33. クロツラヘラサギ | 旅鳥 | 稀 | 黒部市黒部川河口（1995年６月30日）（2006年６月25日）・富山市常願寺川今川橋上流（1987年４月19日）（1995年６月11日）（1998年６月18日）（1999年６月13日）（2007年６月13日）（2008年６月17日）・富山市神通川富山大橋下流（1991年11月20日）・射水市海王町（1987年５月30日）（1988年４月24日）・高岡市荒屋敷（2011年５月18日）などで記録がある。 |

## カモ目

### カモ科

| | | | |
|---|---|---|---|
| 34. コクガン | 冬鳥 | 少 | 氷見市氷見海岸・黒部市黒部川河口などで少数が越冬することがある。射水市新湊東漁港で春・秋に見られることがある。射水市海王バードパーク（2001年12月３日）（2002年11月21日）・魚津市大町（2007年11月17日）などの記録もある。 |
| 35. マガン | 冬鳥 | 普 | 富山市野中などに少数が渡来する。入善町古黒部（2010年２月12日）で717羽などの記録がある。 |
| 36. カリガネ | 冬鳥 | 極稀 | 黒部市黒部川中州（1967年11月５日）で記録がある。 |
| 37. ヒシクイ | 旅鳥 | 少 | 富山市野中などに少数が渡来することがある。 |
| 38. サカツラガン | 旅鳥 | 極稀 | 黒部市黒部川河口（1989年10月４日）で記録がある。 |
| 39. オオハクチョウ | 冬鳥 | 普 | 富山市田尻池・氷見市十二町潟などで越冬する。 |
| 40. コハクチョウ | 冬鳥 | 多 | 富山市野中・富山市田尻池などで越冬する。 |
| 41. アカツクシガモ | 旅鳥 | 極稀 | 射水市海老江（1962年１月）・黒部市黒部川河口（1990年11月11日）・高岡市小矢部川茅蜩橋下流（1994年12月29日）などで記録がある。 |
| 42. ツクシガモ | 冬鳥 | 稀 | 黒部市黒部川河口（1990年11月12日）・富山市野中（2009年３月22日）・富山市田尻池（2010年３月20日）・射水市七美中野（1981年12月26日）・射水市海王町（1986年12月８日）・高岡市雨晴（1990年３月５日）などで記録がある。 |
| 43. オシドリ | 留・旅 | 普 | 山地の河川や池などの周辺で繁殖するが少ない。 |
| 44. マガモ | 冬鳥 | 多 | 池・河川・海上などで越冬する。 |
| 45. カルガモ | 留鳥 | 多 | 平地から山地で繁殖する。池・河川・海上などで越冬する。 |
| 46. コガモ | 冬鳥 | 多 | 池・河川などで越冬する。 |
| 47. トモエガモ | 旅・冬 | 普 | 射水市海王バードパーク・射水市富山新港第２貯木場などに少数が渡来する。 |

| | | | |
|---|---|---|---|
| 48. ヨシガモ | 冬鳥 | 普 | 池・河川で少数が越冬する。高岡市小矢部川国吉大橋下流で毎年約50羽が越冬する。 |
| 49. オカヨシガモ | 冬鳥 | 普 | 富山市富岩運河環水公園・射水市海王バードパークなどで越冬する。 |
| 50. ヒドリガモ | 冬鳥 | 多 | 池・河川・海上で越冬する。 |
| 51. アメリカヒドリ | 冬鳥 | 少 | 河川・港湾・海上などで少数が越冬する。報告例の多くはヒドリガモとの交雑個体の可能性がある。 |
| 52. オナガガモ | 冬鳥 | 多 | 富山市田尻池・射水市海王バードパークなどで越冬する。 |
| 53. シマアジ | 旅鳥 | 少 | ４月下旬頃・９月上旬頃に射水市海王バードパークなどに少数が渡来する。 |
| 54. ハシビロガモ | 冬鳥 | 普 | 射水市海王バードパーク・射水市富山新港第２貯木場などで越冬する。 |
| 55. ホシハジロ | 冬鳥 | 多 | 富山市田尻池・射水市高新大橋上流・氷見市十二町潟などで越冬する。 |
| 56. オオホシハジロ | 冬鳥 | 極稀 | 射水市七美中野（1989年２月12日）・富山市富岩運河船溜り（1990年２月22日）などで記録がある。 |
| 57. メジロガモ | 冬鳥 | 極稀 | 射水市海王バードパーク（2012年３月25日）で雄の記録がある。 |
| 58. アカハジロ | 冬鳥 | 極稀 | 射水市庄川高新大橋上流（1996年２月11日）で記録がある。 |
| 59. キンクロハジロ | 冬鳥 | 多 | 富山市田尻池・射水市海王バードパーク・高岡市高岡古城公園などで越冬する。 |
| 60. スズガモ | 冬鳥 | 普 | 射水市七美中野・氷見市有磯海などで越冬する。 |
| 61. クロガモ | 冬鳥 | 少 | 氷見市島尾海岸沖・富山市岩瀬沖・富山市浜黒崎海岸沖などで少数が越冬することがある。 |
| 62. ビロードキンクロ | 冬鳥 | 少 | 氷見市島尾海岸沖・富山市岩瀬沖などで少数が越冬することがある。 |
| 63. シノリガモ | 冬鳥 | 少 | 氷見市島尾海岸沖・魚津市魚津海岸などで少数が越冬することがある。 |
| 64. コオリガモ | 冬鳥 | 極稀 | 射水市海竜町（1987年12月14日）・氷見市島尾海岸沖（1998年１月４日）で記録がある。 |
| 65. ホオジロガモ | 冬鳥 | 少 | 富山市神通川下流・氷見市島尾海岸沖・射水市庄川高新大橋上流などで少数が越冬することがある。 |
| 66. ミコアイサ | 冬鳥 | 普 | 射水市富山新港第２貯木場・富山市富岩運河などで少数が越冬する。 |
| 67. ウミアイサ | 冬鳥 | 普 | 氷見市氷見海岸・高岡市雨晴海岸・魚津市魚津海岸などで少数が越冬することがある。 |
| 68. コウライアイサ | 冬鳥 | 極稀 | 富山市猪谷神通川で雄が越冬（1989年１月17日）した記録がある。 |
| 69. カワアイサ | 冬鳥 | 普 | 神通川・庄川・小矢部川などの中流部から下流部で少数が越冬する。射水市海王バードパーク（2003年11月26日）で雌の記録がある。 |

## タカ目

### タカ科

| | | | | |
|---|---|---|---|---|
| 70. | ミサゴ | 留鳥 | 普 | 高岡市二上山・富山市三熊古洞の森など丘陵地で繁殖する。射水市富山新港第２貯木場で10羽以上の個体が見られることもある。 |
| 71. | ハチクマ | 夏鳥 | 普 | 山地で繁殖する。春・秋の渡りの季節によく見られる。 |
| 72. | トビ | 留鳥 | 多 | 平野部から山地まで広く分布している。立山町室堂平で１月から３月の厳冬期に見られることもある。 |
| 73. | オジロワシ | 冬鳥 | 少 | 黒部市黒部川河口・富山市三熊古洞の森・射水市庄川高新大橋上流などで見られることがある。 |
| 74. | オオワシ | 冬鳥 | 稀 | 朝日町朝日小川ダム（1999年１月15日）・入善町黒部川黒部大橋上流（1980年11月９日）・黒部市黒部川（1998年２月11日）・黒部市宇奈月町（1993年１月４日）などで記録がある。 |
| 75. | オオタカ | 留鳥 | 普 | 丘陵地から山地で少数が繁殖する。冬期は射水市海王バードパークなどカモ類の越冬地で見られる。 |
| 76. | ツミ | 留・旅 | 普 | 山地で少数が繁殖する。春・秋の渡りの季節に見られることが多い。 |
| 77. | ハイタカ | 留・旅 | 普 | 山地で少数が繁殖する。春・秋の渡りの季節に見られることが多い。 |
| 78. | ケアシノスリ | 冬鳥 | 稀 | 入善町墓ノ木自然公園（1999年11月６日）・富山市中沖（1984年１月１日）・射水市高新大橋上流（1999年１月５日）・射水市二の丸（2004年10月29日）などで記録がある。2008年１月３日～２月に約50羽が射水市海竜町・常願寺川・神通川・庄川・小矢部川などで記録された。 |
| 79. | オオノスリ | 冬鳥 | 極稀 | 射水市海王町（1987年12月18日）・高岡市小矢部川三日市橋上流（1987年12月20日）・高岡市小矢部川国東橋上流（1988年１月16日）で記録がある。 |
| 80. | ノスリ | 留・冬 | 普 | 山地で少数が繁殖する。冬期には山地・農耕地・河川敷などで越冬する。 |
| 81. | サシバ | 夏鳥 | 普 | 山地で繁殖する。春・秋の渡りの季節によく見られる。 |
| 82. | クマタカ | 留鳥 | 普 | 山地で少数が繁殖する。 |
| 83. | イヌワシ | 留鳥 | 少 | 山地で少数が繁殖する。2000年には、富山県では約70羽程度生息していたが近年は激減している。 |
| 84. | ハイイロチュウヒ | 冬鳥 | 少 | 射水市富山新港周辺や河川の葦原で見られることがある。射水市海王バードパーク（2000年12月26日）で成鳥雄の記録がある。 |
| 85. | チュウヒ | 留鳥 | 普 | 河川の葦原などで少数が見られる。射水市海王バードパーク（2002年８月）など射水市富山新港周辺の葦原で繁殖することがある。 |

### ハヤブサ科

| | | | |
|---|---|---|---|
| 86. ハヤブサ | 留鳥 | 普 | 海岸や河川の崖地などで少数が繁殖している。高岡市雨晴で亜種オオハヤブサ(2006年３月９日)の記録がある。 |
| 87. チゴハヤブサ | 旅鳥 | 少 | 春・秋の渡りの季節に少数が見られる。富山市浜黒崎（1991年11月11日）・南砺市百万石道路（2008年６月８日）などの記録もある。 |
| 88. コチョウゲンボウ | 冬鳥 | 少 | 農耕地・河川敷などで少数が越冬する。 |
| 89. アカアシチョウゲンボウ | 迷鳥 | 極稀 | 立山町（2010年11月４日）で記録がある。 |
| 90. チョウゲンボウ | 留鳥 | 普 | 倉庫・工場などの換気口や橋などで繁殖する。個体数が増加している。立山町室堂平（1999年）でつがいが岩の裂け目に餌を運び込む様子が観察されている。 |

## キジ目

### ライチョウ科

| | | | |
|---|---|---|---|
| 91. ライチョウ | 留鳥 | 普 | 立山町室堂平など高山帯で繁殖する。立山西斜面で最も標高の低い地での繁殖の参考記録として立山町美松坂（標高2,200m）で1997年８月19日に雌と雛４羽の記録がある。 |

### キジ科

| | | | |
|---|---|---|---|
| 92. ウズラ | 冬鳥 | 稀 | 射水市海王町（1988年２月10日）（1996年４月）などで記録がある。 |
| 93. ヤマドリ | 留鳥 | 普 | 山地で繁殖する。 |
| 94. キジ | 留鳥 | 多 | 農耕地・河川敷などで繁殖する。射水市庄川高新大橋上流（2003年５月５日）で雌の白化個体の記録がある。 |

## ツル目

### ツル科

| | | | |
|---|---|---|---|
| 95. マナヅル | 旅鳥 | 極稀 | 入善町上飯野（1945年５月29日）・富山市大沢野町（2000年３月６日）で記録がある。 |

### クイナ科

| | | | |
|---|---|---|---|
| 96. クイナ | 冬・旅 | 少 | 河川などで見られることがある。近年では黒部市立野（1991年９月11日）・富山市環水公園（2007年10月27日）・射水市庄川高新大橋上流（1997年10月25日）などで記録がある。立山町室堂平ミクリガ池（1966年６月23日）で死体の記録がある。 |
| 97. ヒメクイナ | 旅鳥 | 極稀 | 黒部市金尾（1966年９月18日）・高岡市下牧野（1978年９月29日）で記録がある。 |
| 98. ヒクイナ | 夏鳥 | 少 | 水田・池・河川などの湿地で少数が繁殖する。 |
| 99. バン | 留鳥 | 普 | 射水市海王バードパークや池・河川などで繁殖する。 |

| | | | |
|---|---|---|---|
| 100. オオバン | 留・冬 | 普 | 射水市海王バードパーク（2000年６月７日初繁殖）などで少数が繁殖する。冬期は河川などで見られる。個体数が増加している。 |

## チドリ目

### タマシギ科

| | | | |
|---|---|---|---|
| 101. タマシギ | 夏鳥 | 少 | 富山市・高岡市・射水市・氷見市などの休耕田で少数が繁殖する。射水市殿村（1973年２月10日）・射水市白石（1976年12月25日）・氷見市柳田（1976年12月23日）など冬期の記録もある。 |

### ミヤコドリ科

| | | | |
|---|---|---|---|
| 102. ミヤコドリ | 旅・冬 | 少 | 黒部市黒部川河口・高岡市雨晴海岸・氷見市島尾海岸などで見られることがある。 |

### チドリ科

| | | | |
|---|---|---|---|
| 103. ハジロコチドリ | 旅鳥 | 稀 | 射水市海王町・射水市海竜町・氷見市島尾海岸などで見られることがある。 |
| 104. コチドリ | 夏鳥 | 普 | 河川敷・畦・空地などの砂礫地で繁殖する。 |
| 105. イカルチドリ | 留鳥 | 普 | 河川敷の砂礫地で少数が繁殖する。 |
| 106. シロチドリ | 留鳥 | 普 | 黒部市黒部川河口などで少数が繁殖する。富山市岩瀬浜・氷見市島尾海岸などで少数が越冬する。 |
| 107. メダイチドリ | 旅鳥 | 普 | 春・秋に氷見市島尾海岸などで見られる。 |
| 108. オオメダイチドリ | 旅鳥 | 少 | 1980年代は 射水市海王町で記録が多い。黒部市黒部川河口・氷見市島尾海岸などに少数が渡来することがある。 |
| 109. ムナグロ | 旅鳥 | 普 | 春・秋に水田で群れが見られる。 |
| 110. ダイゼン | 旅鳥 | 少 | 春・秋に氷見市島尾海岸などで少数が見られる。 |
| 111. ケリ | 留鳥 | 普 | 1970年代から県内でよく見られるようになった。射水市海王町・射水市富山新港周辺・富山市下飯野などで繁殖する。 |
| 112. タゲリ | 冬鳥 | 普 | 水田・河川などで越冬する。 |

### シギ科

| | | | |
|---|---|---|---|
| 113. キョウジョシギ | 旅鳥 | 少 | 春・秋に氷見市島尾海岸などで少数が見られる。 |
| 114. ヨーロッパトウネン | 旅鳥 | 極稀 | 黒部市黒部川河口（1992年８月９日）・射水市海竜町（1999年９月18日）・射水市海王町（1986年８月31日）で記録がある。 |
| 115. トウネン | 旅鳥 | 普 | 春・秋に海岸・水田などで見られる。 |
| 116. ヒバリシギ | 旅鳥 | 少 | 春・秋に水田・池などで見られる。 |
| 117. オジロトウネン | 旅・冬 | 稀 | 春・秋・冬に水田・河川などで見られる。高岡市福岡町（1988年２月４日）で記録がある。 |

| | | | |
|---|---|---|---|
| 118. ヒメウズラシギ | 旅鳥 | 極稀 | 射水市海王町（1980年9月13日）・射水市海竜町（1992年9月15日）で記録がある。 |
| 119. アメリカウズラシギ | 旅鳥 | 極稀 | 射水市海王町（1983年9月25日）（1983年10月4日）・射水市海竜町（1999年9月1日）などで記録がある。 |
| 120. ウズラシギ | 旅鳥 | 稀 | 春・秋に水田などで見られることがある。 |
| 121. ハマシギ | 旅・冬 | 普 | 春・秋・冬に海岸・河川・水田などで見られる。 |
| 122. サルハマシギ | 旅鳥 | 稀 | 射水市海王町（1979年9月16日）（1982年9月23日）（1983年9月15日）（1985年9月12日）（1986年8月1日）（1986年9月4日）などで記録がある。 |
| 123. コオバシギ | 旅鳥 | 少 | 秋に氷見市島尾海岸などで少数が見られる。 |
| 124. オバシギ | 旅鳥 | 普 | 春・秋に氷見市島尾海岸などで少数が見られる。 |
| 125. ミユビシギ | 旅・冬 | 少 | 春・秋・冬に氷見市島尾海岸などで少数が見られる。 |
| 126. ヘラシギ | 旅鳥 | 稀 | 秋に氷見市島尾海岸などで見られることがある。 |
| 127. エリマキシギ | 旅鳥 | 少 | 秋に水田・池などで少数が見られる。 |
| 128. コモンシギ | 旅鳥 | 極稀 | 射水市堀岡西新明神（1998年9月8日）で記録がある。 |
| 129. キリアイ | 旅鳥 | 少 | 春・秋に水田・海岸などで少数が見られる。 |
| 130. オオハシシギ | 旅・冬 | 極稀 | 射水市海王町（1986年3月8日）（1995年9月23日）で記録がある。 |
| 131. ツルシギ | 旅鳥 | 少 | 春・秋に水田・池などで少数が見られる。 |
| 132. アカアシシギ | 旅鳥 | 稀 | 富山市常願寺川河口（1998年3月28日）・富山市牛島本町（2005年11月13日）・射水市海王町（1983年9月7日）（1984年8月28日）（1988年6月19日）（2005年9月19日）・射水市海竜町（1991年7月28日）などで記録がある。 |
| 133. コアオアシシギ | 旅鳥 | 少 | 春・秋に水田・池などで少数が見られる。 |
| 134. アオアシシギ | 旅鳥 | 普 | 春・秋に水田・池・河川などで少数が見られる。 |
| 135. カラフトアオアシシギ | 旅鳥 | 稀 | 射水市海竜町（1990年8月26日）（1990年9月16日）・射水市海王町（1980年8月31日）（1980年10月9日）（1981年8月30日）（1984年8月20日）・高岡市雨晴海岸（1987年8月15日）で記録がある。 |
| 136. クサシギ | 旅・冬 | 普 | 春・秋・冬に水田・池・河川などで見られる。 |
| 137. タカブシギ | 旅鳥 | 普 | 春・秋に水田・池・河川などで見られる。 |
| 138. キアシシギ | 旅鳥 | 普 | 春・秋に海岸・水田・池・河川などで見られる。 |
| 139. イソシギ | 留鳥 | 普 | 河川敷の砂礫地で繁殖する。河川・海岸・水田・池などで見られる。 |
| 140. ソリハシシギ | 旅鳥 | 普 | 春・秋に海岸・水田・池・河川などで見られる。 |
| 141. オグロシギ | 旅鳥 | 少 | 春・秋に水田・池などで見られる。 |
| 142. オオソリハシシギ | 旅鳥 | 少 | 春・秋に氷見市島尾海岸・黒部市黒部川河口などで見られる。 |
| 143. ダイシャクシギ | 旅鳥 | 稀 | 春・秋に氷見市島尾海岸などで見られることがある。滑川市吉浦（2009年4月29日）の記録もある。 |
| 144. ホウロクシギ | 旅鳥 | 少 | 春・秋に氷見市島尾海岸などで見られることがある。 |
| 145. チュウシャクシギ | 旅鳥 | 普 | 春・秋に黒部市黒部川河口・氷見市島尾海岸などで見ら |

れる。

| | | | |
|---|---|---|---|
| 146. ヤマシギ | 旅・冬 | 少 | 秋から春にかけて入善町墓ノ木自然公園・富山市蓮町馬場記念公園・射水市海王バードパーク・高岡市新港の森・河川敷・丘陵地の湿地などで見られることがある。 |
| 147. タシギ | 旅・冬 | 普 | 春・秋・冬に水田・池・河川などで見られる。 |
| 148. ハリオシギ | 旅鳥 | 極稀 | 朝日町鳥帽子山林道（2005年10月上旬）・富山市野中（2006年8月31日）で記録がある。 |
| 149. チュウジシギ | 旅鳥 | 少 | 春・秋に水田の畦道などで少数が見られる。 |
| 150. オオジシギ | 旅鳥 | 少 | 4月中旬から下旬・8月下旬に水田の畦道などで少数が見られる。富山市海岸通り（1974年5月10日から7月31日）においてディスプレイなどが観察された記録がある。 |
| 151. アオシギ | 冬鳥 | 稀 | 冬期に渓流などで見られることがある。魚津市島尻（1978年12月12日）・高岡市江道（2006年4月5日）・南砺市葎島（1974年2月1日）・南砺市東城寺（1979年2月4日）・高岡市江道（2006年4月5日）・氷見市平ノ山（1978年2月27日）などで記録がある。 |

## セイタカシギ科

| | | | |
|---|---|---|---|
| 152. セイタカシギ | 旅鳥 | 少 | 春・秋に水田・池・河川などで見られることがある。射水市庄川高新大橋上流（2004年5月15日）で20羽の記録がある。 |

## ヒレアシシギ科

| | | | |
|---|---|---|---|
| 153. アカエリヒレアシシギ | 旅鳥 | 少 | 春・秋に氷見市島尾海岸沖などで見られることがある。射水市海王町（1986年5月～6月）で最高1,222羽の記録がある。立山町室堂平ミクリガ池（2011年9月25日）で記録がある。 |

## ツバメチドリ科

| | | | |
|---|---|---|---|
| 154. ツバメチドリ | 旅鳥 | 極稀 | 富山市布目（1980年4月25日）・富山市砺波（1988年5月8日）・射水市海王町（1991年7月29日）などで記録がある。 |

## トウゾクカモメ科

| | | | |
|---|---|---|---|
| 155. シロハラトウゾクカモメ | 迷鳥 | 極稀 | 富山市神通川富山大橋上流（1975年9月27日）で記録がある。 |

## カモメ科

| | | | |
|---|---|---|---|
| 156. アメリカズグロカモメ | 迷鳥 | 極稀 | 黒部市黒部川河口（1991年9月28日）で記録がある。 |
| 157. ユリカモメ | 冬鳥 | 多 | 春・秋・冬に水田・河川・海岸などで見られる。 |
| 158. セグロカモメ | 冬鳥 | 多 | 春・秋・冬に河川・海岸などで見られる。 |
| 159. オオセグロカモメ | 冬鳥 | 普 | 春・秋・冬に河川・海岸などで見られる。 |

# 桂書房の図書目録

## 皆でオシッコ飛ばし、しよう！

小社から上野千鶴子・山内マリコ共著『地方女子たちの選択』を出した。著者お二人に、女性と消滅可能性都市について本をお願いしたところ、行く末を担う当の地方女子の声を聞こうというご提案。富山県在住の女性14名にライフ・ヒストリーをインタビュー。見出しはそのお一人、五十代の方の語りの一節である。

いつも近所の男の子を引き連れるガキ大将だったという「きょうこ」さん。四世代同居の農家に生まれた彼女は父母と祖母の、さらに祖母と曾祖母のいさかいを見て育って、妹弟をよくかばった。大学は県外だが、富山に戻ることは自然で、公務員となり、同郷の男性と結婚。彼の両親と同居に抵抗がなかったのは、暴力を辞さない怖い祖母に可愛がられて、祖母を憎むまでいかなかったといい、どんな人とも自分はうまく付き合えると万能感を育んでいたからかしれない。

三人の子に恵まれるが、しかし、義母の厳しい目に晒されての子育て、顔色をうかがう辛い日々となっていく。何か一つ報告するのにも勇気を振り絞らねばならなかった。屋根のてっぺんに上がり、木に登り、村中を駆けまわって小崖に出会えば、瞬時、男女差を意識しないオシッコ飛ばしという新しい遊びを創案するヤンチャ娘だった彼女はいったいどこへ行ったのか。

たまっていく不満。ある時、義母の聞こえよがしのブツブツ批判を耳にし、彼女は「半分泣きながらワーって叫んで」しまう。イヤなことにノーを言う、その言い方は千差万別だが、爆発型は「それが最初で最後の抵抗」になりやすい。彼女は我慢の道をあゆむことに。

ひるがえって、大卒時、彼女に故郷回帰を選択させたのは何か、想像してみたい。おそらくそれは、村野での自由と創造に満ちた遊び体験である。そこで養った一挙手、一投足から生きる力は湧いている。彼女は全てをあきらめたわけじゃない。定年後は大卒時の念願「子供の世話」の仕事をしたいという。

選択といえば大きい語だが、時をかけて、人には微細な選択が無数に積み重なっているから、自身が驚くような選択はしようと思ってもできないな。

（勝山）

# 新刊案内

加藤享子　2024・10刊

## 小矢部川上流域の人々と暮らし

3,600円

衣食住の多くを自給し、限りなく優しい山人に惹かれて、奥山の橋の掛け方、樹木草花の細々とした利用、昆虫食や蓼食やドブ酒、ちょんがれ踊りや馬耕、干柿や糸挽き唄まで20余年に及ぶ調査と聞き書きの集大成。72の論考。　B5変判・452頁

---

鍋島綾　2024.11刊

## ゆるりと風に。ここは北欧

—Just as I am

1,800円

富山と北欧を行き来するアンティークバイヤーのエッセー。現地の人々と生活し、教育や福祉、戦争など様々なトピックに向き合い自由に生きるヒントを得る。著者の旅のような人生は「普通」に依存する私たちの足元を揺るがす。　A5変判・216頁

---

湯浅直之　2024・11刊

## 我が百姓の一年

1,000円

米作りは機械化が進みここ50年で大きく変化した。かつて人手に頼り苦労を重ねた百姓達の米作りは今はもう忘れ去さられつつある。かつての人々の暦は米を作ることから始まり、長い歴史の積み重ねで今の姿になっている。本書はそれを伝えている。　A4判・62頁

---

針山康雄　2024・12刊

## 洛中洛外図屏風・勝興寺本

2,700円

国宝・勝興寺に伝来する、重要文化財洛中洛外図屏風・勝興寺本は、慶長八年修築後の二条城を描く最古もので、京の町家や寺社の魅力を解き明かし一級建築士である著者が、40年間、建築に携わった視点から独特の解説を加えている。　B5判・136頁

---

佐伯哲也編　2025・4刊

## 北陸の中世城郭50選

2,700円

富山・石川・福井各県の魅力に溢れた中世城郭を紹介。執筆者も地域に限定せず、新進気鋭の執筆者にお願いし、最新の成果を満載した。知名度の低い北陸の中世城郭を多角的に調査した、中世城郭研究者待望の一冊。　A4判・290頁

---

川越誠　2025・5刊

## 社会を変革する科学・技術

—その歴史と未来への指針—

3,600円

「社会に大きな変革をもたらす科学・技術とは？」を主題として、古代ギリシアから20世紀までの科学・技術の歴史上の人物や事例に焦点を当て、それらにおける共通性を抽出することで、答えとしての普遍性の探索を試みる。　B5判・510頁

---

能越文化を語る会　2025・6刊

## 能登と越中の土徳

1,000円

砺波平野は美しい。ここに住む人はやさしい。てらいのない地に飄々と土徳が息づいている。能登はやさしや土までも、美しく土徳に満ちている。ともに真宗風土の地域で共通している。能登と砺波の魂が共鳴し本書ができた。　A5判

---

栗三直隆　2025・6刊

## 富山の近世・近代

—富山藩を中心に

4,000円

圧巻は藩の「財政欠陥」の部。天保期に全国四位の借金藩となり、出入りのあらゆる富裕者に借財、踏み倒していく有様の詳述。近代越中人の「アジア認識」について検討する部も刮目。広瀬淡窓や平田派門人、江戸の藩屋敷も初紹介。　A5判・445頁

---

黒田はる　2025・6刊

## 九十二歳　千秋万歳

1,300円

『米寿は通過点』を出した翌年、夫が九十三歳でなくなった。一人になったけれど、やりたいことはいっぱいある―それから三年、エッセイ集をもう一冊出すことができた。身の回りのあらゆることが書く素材になってくる不思議をご覧あれ。　四六判・210頁

---

上野千鶴子・山内マリコ著、藤井聡子協力　2025・7刊

## 地方女子たちの選択

1,800円

上野千鶴子×山内マリコ初共著。地方の若年女性の流出が問題視されるが、女性だけの問題なのか？富山の女性14人の語りを聞き取り、人生の選択に耳を傾ける。何を背負い、歩んできたのか。対談も収録し「地方女子」の現在地を示す。　四六判・268頁

---

秋道智彌、中井精一、経沢信弘　編集

## 富山の食と日本海

定価未定

本書は山から海に至る多様な生態環境にある富山の食に焦点をあて、自然・文化・歴史に応じて多様な食の展開を日本海という広がりのなかで記述する。そして、未来の食の在り方についての展望を次世代に向けて提案する。　B5判・200頁

# 記憶シリーズ

山村調査グループ編　1995·3刊　2004·11増補

## 村の記憶　（品切れ）

96年地方出版文化功労賞　2,400円

過疎化が進んでついに廃村となった富山の80村を探訪。元住民の声を聞き、深い闇に閉ざされた村の歴史を振り返る画期的な書。なぜ、村は消えたのか？地図や当時の写真も満載。　B5変判·341頁

---

竹内慎一郎編　'99·8刊　2008·8再版

## 地図の記憶

―伊能忠敬の越中国沿岸測量記　2,000円

忠敬が日本全国を測量したのは緯度１度の長さを確定するためでもあった。享和３(1803)年、越中沿岸を訪れた忠敬は何をし誰と会ったか、南北１度の確定と地図化はどのように具体化されたかを道中記と古絵図と文献で解明。　B5変判·250頁

---

鈴木明子・勝山敏一　2001·2刊

## 感化院の記憶

2002年地方出版文化功労賞　2,400円

明治国家が社会福祉分野で初めて予算をつけたのは感化院。不良児の処遇や子ども観の変遷を富山での創立者柴谷龍寛、滝本助造らの足跡にみる。感化院で育った院長の娘(明治44年生)の語りが感化教育の細部を蘇らせる。　B5変判·390頁

---

齊藤泰助　2001·2刊

## 山姥の記憶

2,000円

深山に棲む山妖怪「山姥」に関する伝承は驚くほど多い。室町初期成立の謡曲の舞台となった北陸道山中の上路や新潟·長野·飛騨·尾張·奥三河にまで伝承収集の範囲を広げ、金時伝承や機織り伝承、神話や花祭りとの関連を考証する。B5変判·200頁

---

草　卓人　2006·2刊

## 鉄道の記憶

3,800円

明治30年、県内最初の中越鉄道をはじめ、立山軽便鉄道、富山電気鉄道、富山軽便鉄道、神岡鉱山線、砺波軽便鉄道、庄川水電軌道、富山県営鉄道等、全17線の《試乗記》など当時の新聞記事を網羅。建設の背景や経営の評論も。使用写真700点。　709頁

---

松波淳一　2008·10刊　2010·5定本刊　2015·4重版刊

## 定本　カドミウム被害百年　回顧と展望

―イタイイタイ病の記憶（改題）　4,200円

世界に拡大するカドミウム被害の発生メカニズム、医学的解説や原因究明、裁判の経過、患者や家族の証言、汚染土壌復元や汚染米の現状、患者認定や資料館設置等、イタイイタイ病を「風化させないため」、被害の現状を伝え「拡大させないため」の最新定本版。　606頁

---

千保川を語る会編　2009·3刊

## 千保川の記憶

高岡開町400年記念出版　2,800円

砺波扇状地を貫流する大河であった千保川。薪や米や塩を載せた長舟が行き交い、前田利長公の築城以来、幾万もの人生を映して流れ去った川水を呼び戻すような400点の写真が見もの、100人を超える地元の執筆者による華麗な文化史。　B5変判·465頁

---

前田英雄編　2009·8刊

## 有峰の記憶

2,400円

昭和３年(1928)閉村、昭和35年ダム湖に水没した有峰村の歴史と民俗を網羅、分析する。里に出た元村人の子孫に伝わる伝承と写真も掲載。常願寺源流の奥深い山里に千年を生きてきた人々のことを深く知れば、いまの人々もきっと千年は生き延びられる。　B5変判·357頁

---

おわらを語る会編　2013·8刊

## おわらの記憶

2,800円

富山市八尾町に伝わる民謡おわらは謎が多い。そんなおわらの実像を、文献資料を基に調査研究。明治から昭和初期までのおわらの変遷を紹介、おわらがどのように磨かれていったかを明らかにする。資料編として豊富な資料を収録。　B5変判·429頁

---

NPO法人 砺波土蔵の会編　2015·7刊

## 散居村の記憶

―となみ野　2,400円

茅葺から瓦屋根に、牛馬耕から耕耘機へ、曲がりくねる道が直線的に、昭和30年代に始まり40年代に奔流となった散居村の変容を身をもって味わった人たちの、郷愁よりも根源的な、追慕と未練から成る記憶80余と写真300枚。　B5変判·349頁

---

橋本　哲　2022·5刊

## 蟹工船の記憶

―富山と北海道　2,400円

カムチャッカで海水使用のカニ缶詰の世界初の製造は1917年。その富山県練習船「高志丸」に乗った大叔父の足跡を追い、北海道の県人に会い蟹工船事件を見つめて工場法と漁業法の矛盾を生きた工船に思いを馳せる。　B5変判·240頁

# 歴史・社会・文化

廣瀬　誠　'84·10刊 '96·5 4版

### 立山黒部奥山の歴史と伝承

10,000円

立山信仰のカギ姥尊を古代に溯って照明し、立山開山・曼荼羅を史学国学民俗学の成果を駆使して解明。近世近代登山史や奥山廻り究明の日本岳史。　A5判上製·650頁

---

廣瀬　誠　'96·4刊

### 越中萬葉と記紀の古伝承

5,500円

大伴家持の国守在任で花開く越中萬葉歌壇。高志の八岐の大蛇、出雲の八千矛神と高志の沼河姫との神婚、今昔物語の立山地獄等、越中を彩る萬葉歌と古伝承の世界を読みとく一書。　A5判·426頁

---

秋月　煌　'96·6刊

### 粗《そ》朶《だ》集《しゅう》

97年度地方出版文化功労賞

1,500円

富山のある山奥の村に暮らす作者が静謐と純潔の中で紡いだ初の短編集。収められた十三の物語は時に妖しく、どこか懐かしい。これは作者の手で開示された現代の神話だ。　四六判上製·286頁

---

西川麦子　第26回渋沢賞　'97·9刊 2004·3 2刷

### ある近代産婆の物語

—能登・竹島みいの語りより　2,800円

大正期末、門前町で開業した新産婆は出産を大変革。衛生行政と警察、人口政策と戦前、戦後の子産みの激変。みいのライフヒストリーを軸に近代の形成を地域につぶさに見る。被差別者の生業の一つでもあった旧産婆の軌跡にも光。　A5判·350頁

---

布目順郎　'99·6刊

### 布目順郎著作集（全４巻）

—繊維文化史の研究　全巻セット 48,000円

氏は世界で最も多く古繊維を見た人と云われ、人骨や刀剣に付着出土する微小な繊維片から素材と産地を分析する。本著作集は繊維史に関する論文158編を網羅、繊維データも完載。総遺物767点、総写真793点、付表図95頁。　A5判函入·総1876頁

---

橋本　廣・佐伯邦夫編　2001·6刊

### 富山県山名録

4,800円

岳人94人が３年がかりで県内山名のすべてを網羅《585》座。20世紀後半、雪崩を打って山村は過疎化したが、山村文化の最後の砦は山名。その由来や歴史民俗まで書き及ぶ本書をもって子供たちに《山》のある生活を伝えたい。　B5判·総400頁

---

串岡弘昭　2002·3刊

### ホイッスルブローアー＝内部告発者

—我が心に恥じるものなし　1,200円

業界のヤミカルテルを内部告発したトナミ運輸社員が、その後28年間昇格がなく仕事もなかった。残るも地獄、辞めるも地獄、耐え抜いて今、損害賠償と謝罪を求めて提訴。これは尊厳を懸けた戦い。ホイッスルブロー法を促す痛哭の書。　四六判·228頁

---

佐伯安一　竹内芳太郎賞　2002·4刊

### 富山民俗の位相

民家·料理·獅子舞·民具·年中行事·五箇山その他　10,000円

富山民俗の基礎資料を長年にわたり積み上げ、県市町村史に分厚い報告を続けてきた著者の初の論集。民具一つを提示するにも、資料価値をたっぷり残しつつ（写真300点）日本民俗を視野に入れた実に人間味あふれた文章で描き出す。　A5判·720頁

---

読売新聞北陸支社　2002·7刊

### 生と死の現《い》在《ま》

1,500円

人間らしい生と死とはどういうことか。高齢化社会における介護問題、終末期医療のあり方、難病をかかえる人の生き方など、多様な視点を紹介し、生と死を通じて命の尊厳を考える。連載記事は「アップジョン医学記事賞」の特別賞を受けた。　四六判·268頁

---

松本直治（元陸軍報道班員）　1993·12刊

### 大本営派遣の記者たち

1,800円

「戦争がいけない」と言えるのは始まる日まで—東京新聞記者の著者（1912〜95）は1941年末、陸軍報道班員としてマレー戦線へ派遣されるや、シンガポール陥落など日本軍賛美の記事を送るしかなかった。井伏鱒二らの横顔を交え赤裸々に戦中の自己を綴る。戦後は富山で反戦記者魂を貫く。　A5判·220頁

---

泉治夫·内島宏和·林茂 編　2005·6刊

### とやま巨木探訪

3,200円

巨樹は一片のコケラにも樹霊がこもるという。23人の執筆者が500本余のリストから334本を選択し探訪。幹周·樹高や伝説を記録して全カラー掲載。付録「分布マップ」を手に例えば「暫定日本一」魚津市の洞杉を訪ねよう。　B5変形判·300頁

青木新門　　1993・3初版　2006・4定本

## 定本　納棺夫日記

94年地方出版文化功労賞

1,500円

死体を洗い柩に納める、ふと気付くと傍らで元恋人がいっぱいの泪を湛え見ていた―人の死に絶えず接してきた人の静かなる声がロングセラーとなった。生と死を分け過ぎてはいけない、詩と童話を付した定本。　四六判・251頁

---

海野金一郎　　2006・4刊

## 孤村のともし火

1,200円

1939～43年、飛騨山中を診療に廻った医師の三つの探訪記。加須良（白川村）では痛切な幼子の弔い話、山之村（阿曽布村）では民俗も探訪、杣が池（高根村）では伝説を詳しく紹介。ほかに民間療法と熊の膽の話。写真満載！　四六判・160頁

---

松本文雄　　2006・7刊　2014・12 2刷

## 司令部偵察機と富山

1,500円

太平洋戦争の末期、陸軍最高性能機の生産は空襲を避け富山県の呉羽紡績工場（大門・福野・井波）に移され、さらに庄川町山腹に地下工場を建設すべく―国家が個人を踏みにじるその様は、現・国民保護法の発動時が想像されて緊要なルポ。　四六判・195頁

---

福江　充　　2006・9刊

## 立山信仰と布橋大灌頂法会

加賀藩芦峅寺衆徒の宗教儀礼と立山曼荼羅　2,800円

模写関係にある２つの立山曼荼羅の構図や画像と芦峅寺文書の分析から、大灌頂法会として確立される以前の江戸中期の布橋儀式を検討。また、立山信仰の根本の尊や、数珠繰り・立山大権現祭等の年中行事を論じる。　A5判・298頁

---

長山直治　　2006・11刊

## 兼六園を読み解く

その歴史と利用　3,000円

いつ出来たのか？　命名の経緯は？　宝暦9年の大火で焼失したのか？　現在の姿になったのはいつか？　等々、兼六園の歴史には多くの謎がある。藩政期の日記や記録類を丹念に読み解き、実像に迫る。そこには代々の藩主の姿も浮かび上がる。　A5判・307頁

---

米丘寅吉　2008年地方出版文化奨励賞　2007・2刊

## 二人の炭焼、二人の紙漉

付・山口汎一「越中蛭谷紙」　2,000円

昭和21年、富山を振り出しに長野県栄村・群馬県東村と夫婦で遍歴、30年で元山に戻る伝統の炭焼、奥の深い技を披露する。故郷のビルダン紙を再興した妻が難病に倒れるとその紙漉を受け継ぐ、深く切ない夫婦の物語。　A5判・255頁

---

山秋　真　荒井なみ子賞　やよりジャーナリスト賞　2007・5刊　2011・8再　2025・4刷

## ためされた地方自治

―原発の代理戦争にゆれた能登半島・珠洲市民の13年　1,800円

買収、外人攻撃…国策や電力会社の攻勢、地方政治の泥仕合を、都会の若い女性がルポしながら生き方をゆさぶられていく記録。いつの間にか巨悪に加担させられている私たちの魂も揺さぶらずにいない。上野千鶴子教授、激賞！　四六判・271頁

---

佐伯安一　　2007・10刊

## 近世砺波平野の開発と散村の展開

8,000円

近世を通じて砺波平野の新田開発がどのように進んだかを具体的に説明し、散村の成立とその史的展開を論証（一～三章）。庄川の治水と用水（四・五章）。砺波平野の十町（六章）。農業技術史（七章）。巻末に砺波郡の近世村落一覧表。　B5判・371頁

---

尾田武雄　　2008・3刊

## とやまの石仏たち

2,800円

太子像が多い地区、痩せ仏の多い地区、真宗王国富山県は特色ある石仏の宝庫。30年の石仏研究を重ねた著者が、富山の石仏種のすべてを紹介。秘仏の写真や著者お薦め散策コース、見やすいガイドマップとカラー写真を満載。　B5変判・191頁

---

久保尚文　　2008・9刊

## 越中富山　山《さん》野《や》川《せん》湊《そう》の中世史

5,600円

神通川上流山域と下流の湊を結んだ鮮烈な巻頭論、喚起泉達録と牛ヶ首用水、院政期堀江荘、小出と金剛寺、崇聖寺と金屋・鋳物師、太田保と曹洞禅、和田惟政文書、陣門流法華宗、土肥氏、佐々成政の冬季ざら越え否定論など、前著から24年、新稿12編を含む17編。　A5判・487頁

---

佐伯安一　　2009・2刊　2013・8再版

## 合掌造り民家成立史考

日本建築学会文化賞

1,905円

60度正三角形の小屋組、合掌造りの発祥は五箇山なのか、飛騨白川郷なのか。氷見の大窪大工はどのように五箇山に入ったのか。江戸期の普請帳などを提示しながら成立過程を明確に論証、いくつかの大疑問に決着をつける。　A5判・180頁

千秋謙治　2009・11刊

## 越中五箇山　炉辺史話

800円

平地へとがる峠道、対岸と結ぶ籠の渡、念仏道場を中心とした信仰、塩硝を生産し流刑地であった江戸期、合掌造り集落として世界遺産に登録など、明治になるまでは秘境ともいえた五箇山の暮らしと信仰と歴史を語る。　新書判・228頁

---

高木千恵・水谷美保・松丸真大・真田信治　2009・12刊

## 最古の富山県方言集

―高岡新報掲載「越中の方言」(武内七郎)　2,000円

大正期の新聞連載記事。見出し語は延3218語、名詞、動詞、副詞的表現や慣用句、俚諺が扱われている。名詞類は、植物名や農具名、親族名称のほか、地名・字や馬の毛色の表現など多岐。地域差や社会階層との関連にも言及。　四六判・352頁

---

中坪達哉　2010・4刊

## 前田普羅　その求道の詩魂

第25回俳人協会評論賞　2,000円

「わが俳句は俳句のためにあらず、更に高く深きものへの階段に過ぎず。こは俳句をいやしみたる意味にあらで、俳句を尊貴なる手段となしたるに過ぎず」普羅の作句精神を、普羅創刊『辛夷』の4代目主宰である著者が伝える。　四六判・240頁

---

井本三夫　2010・9刊

## 水橋町(富山県)の米騒動

2,000円

大正7年(1918)富山県米騒動は7月初めに水橋町で起こった。女仲仕や漁師の女房、軍人や目撃者から1960年代と1980年代に聞書きされた50もの証言を組み合わせ全体像を浮き彫りにする。米騒動研究の原点となるだろう。　B5変判・276頁

---

勝山敏一　2010・11刊

## 女一揆の誕生

―置き米と港町　2,000円

大正7年、富山県の港町で起こった米騒動は漁師の妻たちの決起。なぜ女性が？なぜ港町に？米価高騰時、移出米の一部を貧民に置いていく特別法が天明3年(1793)新潟県寺泊港に創始され、このことと連動してきたことを突き止める。　282頁

---

太田久夫　2011・7刊

## 富山県の基本図書

―ふるさと調べの道しるべ　1,800円

地域のことは、国語辞書や百科事典をみても分からない。長年、図書館司書として郷土資料に携わった著者が、富山県のことを調べるために有用な本127冊を取り上げて紹介。生涯学習や学校の総合学習の際の必携書。　A5判・252頁

---

向井嘉之・森岡斗志尚　2011・8刊

## イタイイタイ病報道史

17回ジャーナリスト基金賞奨励賞　3,200円

イタイイタイ病が公害病に認定されて40年余り。明治以降、日本の新聞・雑誌・放送がどのように公害病を報道してきたのか。「公害ジャーナリズム」の視点から、公害病と向き合ってきたメディアの真の姿を知る報道史資料満載。　A5判・425頁

---

米田まさのり　2011・10刊

## 立山縁起絵巻

―有頼と十の物語　1,200円

白鷹を立山に追った有頼が見たものとは。有頼を慕い、禁を破り女人禁制の立山へ足を踏み入れた伏姫の運命は。開山伝説の伝える真実とは。ネパールで発想、立山山頂で完成された創作ストーリー。未来へ結ぶいのちの物語。　A5判・191頁

---

栗三直隆　2012・2刊

## 浄土と曇鸞

―中国仏教をひらく　1,800円

六世紀半ば、他力信心を中国で初めて説いた曇鸞(日本の親鸞はその「鸞」字をとる)。山西省五台山近くに生まれ、60歳で玄中寺に居住、各地に赴いて念仏往生を勧めた。その生涯の全貌を初めて詳らかにする全カラーの旧蹟探訪。　A5判・132頁

---

藤田会編　2012・3刊

## 富山地学紀行

2,200円

東の立山から南の飛騨、西の能登へ延びる山稜、これら三方は古い岩石で形成、北の海岸に向かうほど新しくなる富山県。川流域ごと11に分け、天然記念物など地学スポット50ヵ所をカラーで紹介。藤井昭二富大名誉教授を囲む12名の執筆。　A5判

---

松木鴻諮編　2012・10刊

## 富山の探鳥地

―バードウォッチングに行こう！　2,000円

富山県内32ヶ所のお薦め探鳥地を春から順に紹介。各地で観察できる代表的な鳥たちをカラー写真(70点)で大きく掲載。見るだけで探鳥気分が味わえる。富山県鳥類目録は中級者以上にも役立つ最新棲息情報満載。　A5判・153頁

柏原兵三（芥川賞作家）　'83刊 2013・2 2版

## 長い道

1,900円

太平洋戦争末期、父の古里へ一人で疎開した少年。土地っ子の級長が除け者にしたり物語を強制したりさまざまな屈従を強いるが、いじめられっこの魂が爆発、ついに暴力が―篠田正浩監督「少年時代」として映画化された疎開文学の傑作。　四六判・460頁

---

飛鳥寛栗　2013・4刊

## 棟方志功・越中ものがたり

2,000円

「私は富山では大きないただきものをしました。それは南無阿弥陀仏」（自伝）。福光町疎開の６年を超えて、棟方の模索と探究にかかわった中田町の真宗僧侶の懐古記。大作制作依頼から五箇山での「栄光」物語まで13編。　A５変判・全カラー223頁

---

保科齊彦　2013・6刊

## 越中草島　狐火騒動の真相

―加賀藩主往還道の農民生活　2,000円

文化８年（1811）６月から翌年４月まで88件もの不審火が発生。「狐火」の真相を肝煎文書に探ると、加賀藩と富山藩が入り混じる村の過酷な宿場負担が浮かぶ。研究者にも驚きをもたらすだろう。挿図写真は全カラー100点余。　B５変判・187頁

---

長山直治　2013・9刊

## 加賀藩を考える

―藩主・海運・金沢町　2,000円

マスコミの描く加賀藩の歴史像、たとえば藩が能を奨励したため金沢では能楽が盛ん、と説明されることがあるが、藩が直接町人に能を奨励している史料は確認できず、無条件に奨励されていたわけではない。本書では藩主、海運、金沢町という観点から加賀藩像の実像に迫る。　A５判・304頁

---

古川知明　2014・3刊

## 富山城の縄張と城下町の構造

5,000円

利長が整備した慶長期の富山城。利次が整備した寛文期の富山城。それぞれの城郭と城下町の特色と変遷を、発掘調査の成果・絵図・文書を駆使して明らかにする。また、富山城と高岡城との比較、高岡城の高山右近縄張説を検討。　A５判・393頁

---

森　葉月　2014・5刊

## 宗教・反宗教・脱宗教

―作家岩倉政治における思想の冒険　3,000円

岩倉政治は禅学者の鈴木大拙とマルクス主義哲学者の戸坂潤との出会いにより、唯物論の学習に邁進するが、その本領は「宗教か反宗教か」「親鸞かマルクスか」にとどまらず、思想の冒険へと踏み出していくところにあった。岩倉の「脱宗教」は、親鸞の「自然法爾」と結びつく。岩倉の生涯をたどり、その思想と文学を論じた出色の力作。　四六判・367頁

---

勝山敏一　2015・2刊

## 明治・行き当たりレンズ

―他人本位から自己本位へ、そして　1,800円

富山郊外を散歩、行き当たりばったりカメラを向け市民の反応を記していく連載記事をていねいに分析、江戸期文明の残影と明治末の富山人の価値観を掬い上げる。高岡新報・井上江花遺族宅に残った原版70点を甦らせたカラー版。　A５判・149頁

---

盛永宏太郎　2015・8刊

## 越嵐

―戦国北陸三国志　2,800円

室町幕府誕生から江戸幕府開設当初まで主な戦乱を取り込み、天下を動かした権力者たちの動向と、それに連動した北陸武将の活躍を伝える戦国物語。原則年代順に書かれているので北陸地方の歴史を知る上でたいへん面白い。　四六判・750頁

---

高岡新報編　2015・9刊

## 越中怪談紀行

1,800円

例えば、浮世の味気なきを感じた遊女が身を沈めた「池」が放生津沖の「海」中に今もあるという。奇怪な仕掛けを持ち、庶民のうっ積した情念をみる怪談を集め、100年前の1914（大正３）年に連載された48話を現地探訪するカラー版。　A５判・153頁

---

富山県建築士会　2016・3刊

## 建築職人アーカイブ

富山の住まいと街並みを造った職人たち　1,500円

木挽・製材・銘木・大工・宮大工・鋸目立・型枠・鉄筋・鉄工・杭打・栗石・茅葺・土居葺・瓦焼・瓦葺・板金・錺・アルミキャスト・防水・左官・鏝絵・タイル・建具・漆塗・木工・家具・畳工・配管・鑿井・電工・曳方・石貼・石工・造園・看板。36職82名の人物紹介。　A5判・219頁

---

磯部祐子・森賀一惠　2016・3刊　2017・3刊

## 富山文学の黎明（一）（二）

―漢文小説『蛤洲餘珠』を読む　1,100円　1,300円

高岡の漢学者、寺崎蛤洲の漢文小説『蛤洲餘珠』。『始祖伝説「六治古」』は孝行息子、六治古の話。『毛佛翁』は坊主におちょくられ調子に乗る下女の話。『蟹棲』は悪人の横恋慕で引き裂かれた夫婦が竜宮王の恩返しで救われる話。全17話を翻訳、解説する。　四六判・124頁・154頁

神通川むかし歩き編集委員会編　2016·3刊

**神通川むかし歩き**

900円

かつて富山の町中を流れていた神通川。時々暴れるが豊かな漁場をもち鮎・鮭・鱒が多く獲れた。明治の改修により町中から消えた大河について古老の川漁師に聞書、抜群に面白い話をつむぐ。むかしの神通川を歩いてみよう。　A5判·95頁

---

山本勝博著、稲村修監修　2016·5刊

**ホタルイカ**
—不思議の海の妖精たち

1,300円

発光するイカが産卵のため沿岸に集まってくる世界でただ一ヶ所の富山湾中部、とりわけ滑川沖は国の天然記念物に指定。その発光の仕組み、目的、回遊経路など生物学的にわかりやすく解説、100点余のカラー写真を掲載。　B5判·102頁

---

丸本由美子　2016·6刊

**加賀藩救恤考**
—非人小屋の成立と限界

3,700円

早期かつ大規模に実施された救恤政策により「政治は一加賀、二土佐」と称されたその実像を検証する画期的論考。寛文飢饉、元禄飢饉、そして天保飢饉、非人小屋創設の経緯を軸に藩政がいかなる展開を見せるかを明らかに。　A5判·264頁

---

勝山敏一　2016·6刊

**北陸海に鯨が来た頃**

2,000円

明治初め突然に捕鯨を始める内灘・美川・日末の加賀沿海。定置網発祥の越中・能登では江戸中期から「専守防衛」の捕鯨が。見渡す限りの鯨群が日本海にあったことを実感する初の北陸捕鯨史。「能州鯨捕絵巻」や遺品もカラー紹介。　A5判·237頁

---

竹松幸香　2016·6刊

**近世金沢の出版**

4,200円

金沢の書肆が関わった出版物と金沢の書肆を悉皆調査し、三都や他地方と比較。俳人・儒者・町人・与力の日記、陪臣の蔵書や「書目」等を分析し、書物の受容と文化交流を検討。加賀藩の文化のあり方を再考する。　A5判·284頁

---

小倉利丸　2016·10刊

**絶望のユートピア**

5,000円

なぜ今の日本が、世界が、これほどまでに不安定で脆弱なのか？　ナショナリズムの不寛容、環境と生命を蔑ろにする科学技術、戦争を平和と言いくるめる政治の欺瞞を抉り、分野・領域を超えて絶望の時代からユートピアの夢を探るエッセイ群。　A5判·1250頁

---

深井甚三　2016·10刊

**加賀藩の都市の研究**

6,000円

富山藩・大聖寺藩も対象にしていて前田藩領社会の研究。第一部：町の形成・展開と村・地域（氷見、小杉、城端、井波)、第二部：環境・災害と都市（氷見、西岩瀬、泊、小杉新町)、第三部：町の住民と商業・流通（井波、大聖寺、金沢、氷見、小杉)。　A5判·556頁、カラー口絵6頁

---

桂書房Casa小院瀬見編集部　2016·12刊

**越中　福光麻布**

1,800円

砺波郡では八講布という麻布が織られていた。小松絹と並び、加賀藩随一の産品で集散地の名をとり福光麻布と呼ばれてきたが、昭和天皇大嫂の礼の古装束布供給を最後に途絶えた。本著のため織機を復元し麻布復活の夢を託す。　四六版·192頁

---

経沢信弘　2017·5刊

**古代越中の万葉料理**

1,300円

プロ料理人が万葉歌と時代背景を分析、古代人の食材への向き合い方に迫り、1300年前の料理を再現。カタクリ・しただみ・鯛・鴨・鮎・すすたけ・葦附・赤米・藻塩・寒天・蘇。当時の土器を用いたカラー撮影。論考も付く。　A5変·93頁

---

一前悦郎　山崎　栄　2017·10刊

**関東下知状を読む**
弘長二年　越中弘瀬郷

2,000円

鎌倉時代、越中弘瀬郷（富山県南砺市）に領家と地頭の争いに幕府から下された「弘長二年関東下知状」が伝わる。長文でしかも難解な裁判記録を読み解くうちに今から800年前の郷土の歴史がおぼろげに見えてきた。　A5判·216頁

---

木本秀樹　2017·12刊

**越中の古代勢力と北陸社会**

2,500円

北陸道・支道の古代跡の県内発見や三越分割以前の「高志国」木簡などをもとに在地勢力を検討、唐人の越中国補任や『喚起泉達録』の考察、災害古記録を収集し対処法から思想を見るなど、最新の古代北陸像について書き下ろす。　A5判・300頁

阿南　透・藤本武編　2018・3刊

**富山の祭り**

—町・人・季節輝く　1,800円

秀吉下賜の高岡御車山に始まり城端・伏木・新湊・岩瀬の曳山、福野・砺波の夜高、八尾風の盆、魚津のたてもん、富山市のさんさい踊り、福岡町のつくりもんの10の祭り、その運営にまで迫る全カラーの研究レポート。　A5判・250頁

---

大西泰正　2018・8刊

**論集　加賀藩前田家と八丈島宇喜多一類**

2,000円

関ヶ原合戦に敗れた備前岡山の大名宇喜多秀家。八丈島に流された秀家親子とその子孫の実像を、加賀藩前田家との関係を通じて明快に復元する。新たな史料を駆使して描かれる没落大名の軌跡。通説を切り崩す研究成果。　A5判・188頁

---

米原　寛　2018・10刊

**立山信仰研究の諸論点**

2,500円

立山信仰研究の論点である開山の概念と時期、信仰景観の変容、立山信仰の基層をなす思想、立山曼荼羅の諸相と布橋大灌頂の思想、山岳信仰の受容と継承・発展の舞台となった宗教村落芦峅寺の活動などから考察する。　A5判・360頁

---

木越隆三　2019・5刊

**加賀藩改作法の地域的展開**

—地域多様性と藩アイデンティティー—　4,200円

利常最晩年に実施された改作法には、加能越三カ国一〇郡の地域多様性に配慮した工夫が随所にあった。「御開作」という農業振興理念を掲げ加賀藩政のシンボルとなった改作法の原型にメスを入れ、領民の藩帰属意識に作用した背景に迫る。　A5判・420頁

---

笠森　勇　2019・10刊

**堀田善衞の文学世界**

2,000円

文明批評家の視点をもつ堀田善衞、そのユニークな文学世界を概観。人類が築き上げてきた叡智もそこのけにして、いつでも戦争という愚行にはしる人間を描く堀田文学には、類まれな世界的視野と未来への志向がある。　A5判・255頁

---

【語り部】小澤浩・吉田裕・大島肇・山田博・鈴木明子・勝山敏一　2019・11刊

**ものがたり〈近代日本と憲法〉**

—憲法問題を「歴史」からひもとく　1,600円

歴史研究者と市民の有志が、立場や思想の違いを超えて「憲法問題」を語り合った意欲作。執筆者を「語り部」になぞらえ、地域史の視点を盛り込むなど、歴史教科書にない面白さを追求し「近代日本」問題を提起する書。　A5判・170頁

---

池田仁子　2019・12刊

**加賀藩社会の医療と暮らし**

3,000円

藩主前田家の医療、医療政策、藩老の家臣と生活、町の暮しと医者、庭の利用と保養、安宅船の朝鮮漂流と動向、村の生活文化など、一次史料を駆使。政治史的視座の必要性を説き、医療文化の呼称を試みる。　A5判・344頁

---

盛永宏太郎　2020・9刊

**戦国越中外史**

2,000円

戦国時代の主に越中と越中に有縁の人々の生き様を軸にして時代の流れを描く。嘉吉元年（1441）の嘉吉の乱に始まり大坂冬の陣と夏の陣を経て、幕府の厳しい監視下で戦争のない天下泰平の世に至った174年間の戦国外史。　四六判・527頁

---

栗三直隆　2020・12刊

**スペイン風邪の記憶**

—大流行の富山県　1,300円

新型コロナ流行の現在から100年前、アメリカ発祥のインフルエンザが第一次大戦の人移動によりパンデミックに。日本でも富山県でいち早く大流行、第三波まで41万人感染、死者5500人に。その実態報告を緊急出版！　A5判・117頁

---

保科齊彦編　2021・5刊

**加賀藩の十村と十村分役**

—越中を中心に—　10,000円

「一加賀、二土佐」と評価された加賀藩政は改作法、十村制度に負う。越中の農業・農政を担った百姓代官十村役を年別・役別・組別に一覧し、制度の変遷・特色を考える。富山藩十村役も点描、加越能三カ国全十村名簿収録。　B5判・1000頁

---

川崎一朗　2021・11刊

**立山の賦**

—地球科学から　3,000円

立山とその周辺を近畿中央部と対照しながら、活断層と地殻変動、深部構造と第四紀隆起、小竹貝塚、大伴家持と立山、飛騨山地の地震活動などを絡め地球科学と考古学・古代史の架橋を試み、その最新データを全カラー報告。　B5判・347頁

北陸中世近世移行期研究会編　2021・12刊

## 地域統合の多様と複合

3,600円

北陸で地域統合が、どのような矛盾・対立、協調・連携のなかで生じ、「近世」的統合（支配）に帰結したのか。渡貫多聞・角明浩・川名俊・塩崎久代・佐藤圭・大西泰正・萩原大輔・中村只吾・長谷川裕子・木越隆三が執筆。　A5判・424頁

---

三鍋久雄　2022・4刊

## 立山御案内

3,000円

立山は大宝元年（701）佐伯有頼慈興上人の開山。大伴家持に詠まれて魅力が流布された。史料に見る立山神や仏・経典、書物に見る立山像や石仏・湖沼など幅広く紹介。今後の基本書となろう。カラー写真図版300点余。　A4判・264頁

---

富山城研究会　2022・7刊

## 石垣から読み解く富山城

1,300円

120万石を統べる近世最大の大名前田利長が築いた富山城。巨石５石を配した圧巻の石垣は、富山藩の改修を経て、富山城址公園に残る。本書は、解体修理工事や発掘での新知見を踏まえ、石垣の散策に必携のカラー案内書。　B5判・100頁

---

森越　博　2022・7刊

## 妙好人が生きる

一とやまの念仏者たち

2,000円

禅学者・鈴木大拙が「妙好人の筆頭」と称えた、赤尾の道宗をはじめ、現代まで富山県からは脈々と妙好人が輩出した。その事績を歴史編と史料編に分け確実な文献にもとづき紹介しつつ、妙好人の現代的意義を考察する。　A5判・331頁

---

由谷裕哉編　2022・9刊

## 能登の宗教・民俗の生成

2,500円

本書では、「交通・交流」「イーミックな志向」「仏教文化」「生成することへの注目」の４つのポイントを提示し、四人の執筆者がそれぞれの視点から、能登の宗教と民俗に関するこれまでの捉え方の代案を求める。　A5判・168頁

---

辛夷社　2022・9刊

## 前田普羅　季語別句集

3,000円

『定本普羅句集』および未収録句を精選し、季語別に編集。春・夏・秋・冬の部に分け、月別に季語を収録。巻頭に月別の目次、巻末に音訓索引が付く。作句の参考に最適の書。　A6変判・295頁

---

木越隆三編　2022・11刊

## 加賀藩研究を切り拓く Ⅱ

4,000円

小松寺庵騒動・流刑・加賀国初遺文・走百姓・鷹匠・凶作能登・勝興寺・人参御用・夙姫入輿・測量方・疱瘡と種痘・武家読書記録・国学者田中躬之・在郷町井波・十村威権・風説書分析・軍事技術・京都警衛—18名の論考。　A5判・473頁

---

山本正敏編　2023・3刊

## 棟方志功　装画本の世界

一山本コレクションを中心に

4,400円

棟方の赤貧を支えた本と雑誌の装画仕業（しごと）、収録880点、その全貌がここに！「民藝」・保田與重郎・谷崎潤一郎とつらなる戦前・戦後の人脈と装画を全カラーで時系列に並べて一覧できる大型本で、ファン待望の書。石井頼子氏寄稿。　A4判・296頁

---

城岡朋洋　2023・5刊

## 越中史の探求

2,400円

「古代」蚕の真綿が400年も越中特産だったこと、中世飢饉により「立山」地獄が焦点化された様子、「富山近代化」国への建白のほとんどが20代青年であったなど、山野河海に恵まれた越中史の異彩部を発掘する新稿を含む12論考。　A5判・310頁

---

一前悦郎　湯浅直之　2023・5刊

## 加賀百万石御仕立村始末記

一越中砺波郡広瀬舘村年貢米史

2,000円

「御仕立村」とは飢饉等で立ち行かなくなった村を再建する加賀藩の政策。かつて砺波郡広瀬舘村の肝煎だった湯浅家に、広瀬舘村が天保の飢饉で立ち行かなくなった際、加賀藩が広瀬舘村を救済するためとった政策の一部始終の書類が残されていた。著者はこの資料を７年間かけて解析し、あわせて鎌倉時代から近代までの広瀬舘村の歴史を明らかにした。　A5判・241頁

---

真山美幸　2023・6刊

## 老いは突然やってくる

1,100円

「たとえ孤立することになろうとも、私は自分に正直に生きる道を選ぶ」——不自由さとは、老いることなのか？　抗いたいのは、この足の痛みなのか？　人生の折々で問い、思考をめぐらせ、試行錯誤にみちた《私》を生きていく。ふたつの掌で読む“手函小説”の第１作。　四六判・148頁

堀江節子　2023・7刊

## 黒三ダムと朝鮮人労働者

―高熱隧道の向こうへ　2,000円

前作『黒部・底方の声―朝鮮人労働者と黒三ダム』(1992年刊) が2023年に韓国語翻訳される。その続編として黒三ダムと朝鮮人の現在を記す。過去を変えることはできないが、二つの国の未来は変えられる?!――昨今の日韓関係のなかで、見つめ直す歴史と今。この本は、平和を願う人々の希望によって生まれた。　A5判・232頁

---

翁久允　須田満・水野真理子編集　2023・10刊

## 悪の日影

翁久允叢書 1　1,000円

シアトル近郊で働きながら学校に通う文学青年戸村が、仲間たちとともに恋や人生に悩む姿を、自然主義的な作風で濃密に描いた青春群像劇。既婚者である酌婦らとの恋愛、青年たちは異国において人生の悲哀を味わい苦悶する。サンフランシスコの邦字新聞『日米』に1915年に発表された移民地文芸の代表作。　文庫判・342頁

---

翁久允　須田満・水野真理子編集　2023・12刊

## 日本人の罪　メリー・クリスマス　翁久允戯曲集 1

翁久允叢書 2　1,000円

翁久允(1888-1973)が、自ら主宰した郷土研究誌『高志人』(こしびと)に1947年5月から1948年4月までに発表した戯曲三作。第二次世界大戦後の混乱が収まらない時期の富山市や近郊の町を舞台に、地元のことばである「富山弁」が、当時の世相描写にリアルな臨場感を与えて物語が展開する秀作である。　文庫判・259頁

---

勝山敏一　2023・11刊

## 元禄の『グラミン銀行』

―加賀藩「連帯経済」の行方　2,000円

元禄10年〈1697〉質草を持たぬ貧民に無担保で金を貸す仕法を加賀藩が創始。富裕者が間接的に貧民に贈与する仕組みで、越中新川郡が日本一の木綿布産地になるその下支えが元手を得た彼らであったことを初めて描く画期の書。　四六判・210頁

---

若林陵一　2023・10刊

## 中世「村」の登場

―加賀国倉月荘と地域社会　2,700円

中世後期に出現した「村」社会。その成り立ちには荘園制における領有主体の多元化が関係していた。外部諸勢力の関与、「郡」や「庄」等の制度的枠組とも重なり合うなか「村」はどのように織られていったのか。「村」を〈一個の交渉主体〉として捉え直し考察。　A5判・232頁

---

立野幸雄　2023・12刊

## 富山の文学・歴史散策

2,000円

土地の伝説や民俗・歴史を横糸に、人物が縦糸になって文学は生まれることを、県内76カ所を散策して美布を織りあげるように紡いでみせる好著。鏡花・高橋治・新田次郎・吉村昭ら富山ゆかりの作品エピソードエッセイも付す。　四六判・289頁

---

堀田善衞の会（編;竹内・高橋・野村・丸山）　2024・6刊

## 堀田善衞研究論集

―世界を見据えた文学と思想　4,000円

500頁の大冊、総勢18名によるオリジナルな論考の集成。近年の堀田研究の進展に基づく、斬新な視点と問題提起に富む多彩な試み。①堀田善衞との対話、②作品論、③堀田文学の多彩な関わりの世界、④インタビューから成る。　A5判上製・504頁

---

渡邊一美　2024・7刊

## 評伝　石崎光瑤

―至高の花鳥画を求めて　2,400円

富山県福光出身。大正・昭和前期に官展で活躍した京都画壇の日本画家「光瑤こうよう」。写実性と装飾性が美しく融和した画境は、近代花鳥画の頂点を成した。真美を希求し続けた光瑤の画業の背後にある様々なファクトを探る。　四六判・368頁

---

小林孝信　2024・7刊

## 愛し、きつメロ

―看取りと戦争と―　1,800円

「米騒動」の年に生まれた女性「美戸」の敗戦直後まで事実を基にしたフィクション。作中で脅威を振るう結核は「新型コロナ」と重なり、戦争の脅威も再び迫る今、ヤングケアラーから結婚を経ていく彼女の軌跡はある可能性を示唆。　四六判・420頁

---

高田政公　2024・8刊

## 学校をつくった男の物語

1,500円

1933年生。苦学して司法・行政書士、土地家屋調査士、宅地建物取引などを開業、33歳でダイエーの高岡店用地3000坪買収に成功。その利を測量専門学校創立に傾注、1973年の北陸開校から10周年・辞任まで波乱の半生を語る。　四六判・192頁

---

齊藤大紀　2024・9刊

## リルを探してくれないか

―津村謙伝　2,400円

入善町出身の津村謙(1923-61)は、「上海帰りのリル」などのヒット曲によって、戦後の大スターとなった。富山育ちの物静かで心優しい少年が、類まれな美声と努力によって夢をつかみながらも、不慮の事故によって早世するまでの、夢と挫折の物語。　B5変判・326頁

# 各種シリーズ

## 日本海／東アジアの地中海　日本海総合研究プロジェクト研究報告 1

金関恕／監修　中井精一・内山純蔵・高橋浩二／編　2004・3刊　A5判・300頁　3,000円

アワビを求めて日本海沿岸を移動する古代のアマ集団。冬場、集落をイノシシの狩場にする縄文人。方言の東西対立や音韻現象の分布に見る古代の文化受容。日本海沿岸文化を考古学、人類学、社会言語学などから分析する論考12篇。

## 日本海沿岸の地域特性とことば　―富山県方言の過去・現在・未来

真田信治／監修 中井精一・内山純蔵・高橋浩二／編　2004・3刊　A5判・304頁　3,000円

ことばは、人に最も密接した文化である。方言地理学・比較言語学・社会言語学等々ことばの分析から、サハリンから九州まで富山県を中心とした日本海沿岸地域を考える論考16篇。日本海総合研究プロジェクト研究報告２。

## 日本のフィールド言語学　―新たな学の創造にむけた富山からの提言

真田信治／監修　中井精一・ダニエル ロング・松田謙次郎／編　2006・5刊　A5判・330頁　3,000円

中間言語とネオ方言の比較、語彙と環境利用、誤用と言語変化の関わり、談話資料の文法研究、方言談話の地域差・世代差・場面差、方言と共通語の使い分け意識、等々22名の論考。

## 海域世界のネットワークと重層性　日本海総合研究プロジェクト研究報告 3

濱下武志／監修 川村朋貴・小林功・中井精一／編　2008・5刊　A5判・265頁　3,000円

一見、障壁のような海は、無関係のように見える各地の人々の生活を結びつける。17世紀初頭朝鮮に伝えられた世界地理情報、生麦事件～薩英戦争に見る幕・薩・英の関係、シンガポールにおけるイギリス帝国体制の再編、上海共同租界行政、ほか。

## 東アジア内海の環境と文化　日本海総合研究プロジェクト研究報告 5

金関恕／監修　内山純蔵・中井精一・中村大／編　2010・3刊　A5判・362頁　3,000円

石器組成から見た定住化の過程、気象語彙や観天望気にみる環境認識、龍・大蛇説話が語る開拓と洪水、観光戦略とイメージ形成。環境と文化がどのように作用するかを、考古学・言語学・民俗学・地理学・人類学から探る。

---

## 人文知のカレイドスコープ　富山大学人文学部叢書 1

富山大学人文学部編　2018・3刊　A5判・149頁　1,500円

脳障害の社会学、ダークツーリズム、敬語の地域例、出土仮名文字、内藤湖南と桑原隲蔵、カントの理性批判、犯罪を人文学する、最新アメリカ映画、ドイツ語辞典重要語、甲骨文の普遍性、漢文訓読の転回など12の多分野報告。

## 人文知のカレイドスコープ　富山大学人文学部叢書 Ⅱ

富山大学人文学部編　2019・3刊　A5判・115頁　1,500円

連続体の迷宮、フランス右翼の論理、ロシア人の死生観、「宇治十帖」とジッド「狭き門」、ルールとは何か、韓国のLGBT、アメリカの生殖を巡るポリティクス、子どもの生活空間と町づくり、音声面での方言らしさの定義等。

## 人文知のカレイドスコープ　富山大学人文学部叢書 Ⅲ

富山大学人文学部編　2020・3刊　A5判・120頁　1,500円

連体修飾の幻影／英語の所有表現／コリャーク語／『ハムレット』改作／アリストテレス時間論／中央アジア近世史／スェーデン兵の従軍記録／人工知能の社会学／トークセラピー／黒人教会の音楽する身体／人間の安全保障ほか

## 人文知のカレイドスコープ　富山大学人文学部叢書 Ⅳ

富山大学人文学部編　2021・3刊　A5判・95頁　1,300円

日本語の運用と継承、1709年のペストとスウェーデン、感染症と人文学、ハーンと感染症、20世紀初頭アメリカの感染症、パンデミックと世界文学、ボランタリーな地理情報の可能性、新型コロナウィルスがもたらす心理。

## 人文知のカレイドスコープ　富山大学人文学部叢書 Ⅴ

富山大学人文学部編　2022・3刊　A5判・132頁　1,500円

ソマリランドという名称を用いる人々、承久の乱の歴史像、白バラのビラ、翻訳を通した言語対照、ワーキングメモリ、離婚後の親子関係、青少年のコロナ禍、気分・感情のコントロール、歌手・津村謙、母性という隠れ蓑。

## 人文知のカレイドスコープ　富山大学人文学部叢書 Ⅵ

富山大学人文学部編　2023・3刊　A5判・89頁、1,300円

朝鮮語の處格と属格、日本語の文章ジャンルと文法形式、唐の帝国的支配の構造、貝原益軒の思想、テクスト化された脱北者の語り、漢詩人岡崎藍田がみた中国、出土絵馬の研究。

## 人文知のカレイドスコープ　富山大学人文学部叢書Ⅶ

富山大学人文学部編　2024・3刊　A5判・91頁、1,300円

バフチンの小説論と読者、富山杉谷４号墳、気づかない方言文末、音注は意味を示す、難病患者の就労、可視化する小学生の登下校。

## 人文知のカレイドスコープ　富山大学人文学部叢書Ⅷ

富山大学人文学部編　2025・3刊　A5判・96頁、1,300円

地方俳誌の可能性・メルビルとジョン万次郎・大規模言語モデル・不登校支援・うらみとは・自分が自分であるという感覚・獅子舞の生態・祭りへのまなざしほか

---

# その他の翻刻・影印本

## 加賀藩料理人舟木伝内編著集

2006・4刊　A5判・290頁　4,000円

享保10年「舟木伝内随筆」享保17年「料理方故実伝略」享保18年「調禁忌弁略序」安永４年「五節句集解」安永５年「式正膳部集解」寛政６年「ちから草」「力草聞書」「料理ちから草聞書」の翻刻。

---

## 〈加賀料理〉考

陶智子・笠原好美・綿抜豊昭編　2009・4刊　A5判・217頁　2,800円

加賀料理を藩主の御前料理に限定して、じぶ・燕巣・麩・豆腐・鱈・鮭・鯛・鯉について考察８編。そしてお抱え料理人・小島為善（1816～93）の編著から公的な献立・作法を記した『真砂子集』、調理方法をまとめた『真砂子集聞書』を翻刻。付・小島為善━編著集

---

フラーシェムN・良子 校訂・編集　2016・4刊

## 榊原守郁史記

―安政５年～明治22年　2,400円

200石取り加賀藩士が日々ひろげる交友関係は夥しい。政治向き文化向き多層の武士・町人の往来記録は多様な研究観点に応えよう。元治の変や慶応三年鳥羽伏見の戦い、戊辰の役など、歴史的証言も貴重。詳細な人名註が付く。　A5判・210頁

---

監修・長山直治　編者（解読）・髙木喜美子　2011・4刊

## 大野木克寛日記（本編６巻＋別巻１）

―享保元年（1716）～宝暦４年（1754）　46,000円

加賀藩の奏者番（1650石）をつとめる上級武士の日記の全翻刻（原本32巻は金沢市立玉川近世史料館蔵）。公務や諸藩士の動き、江戸や他藩の情報の出入りから家内の暮らしまで、史料の少ない近世中期の得がたい資料集。綱文・人名索引あり。

---

## 政隣記

津田政隣編、校訂・編集＝読む有志の会（代表 髙木喜美子）　A5判・平均400頁

天文７年から文化11年（編者没年）まで加賀藩政を編年体でまとめた重要史書。公刊の「加賀藩史料」が多くを拠ったもので、誤記・省略点少なからずとされていたところ、校訂者が全翻刻を企画。随時続刊。

| | | |
|---|---|---|
| ―享保元年～二十年 | 2013・2刊 | 3,000円 |
| ―元文元年～延享四年 | 2013・10刊 | 3,000円 |
| ―延享四年～宝暦十年 | 2014・3刊 | 3,000円 |
| ―宝暦十一年～安永七年 | 2015・2刊 | 3,000円 |
| ―安永八年～天明二年 | 2016・4刊 | 3,000円 |
| ―天明三年～六年 | 2017・6刊 | 3,500円 |
| ―天明七年～九年 | 2017・10刊 | 3,000円 |
| ―寛政二年～四年 | 2018・6刊 | 3,000円 |
| ―寛政五年 | 2019・5刊 | 2,500円 |
| ―寛政六年～七年 | 2020・1刊 | 3,000円 |
| ―寛政八年～十二年 | 2020・5刊 | 3,000円 |
| ―享和元年～三年 | 2021・1刊 | 3,000円 |
| ―文化元年～二年 | 2021・6刊 | 3,000円 |
| ―文化三年～四年 | 2023・3刊 | 4,000円 |

---

麦仙城烏岬著　富山郷土史会編　2020・9刊

## 「俳諧　多磨比路飛」影印・翻刻

1,600円

安政３年（1856）刊の俳諧選集。画工・守美の越中名所図絵31枚を配し、高岡・氷見・新湊・小杉・岩瀬・上市・三日市・泊・滑川・井波・福野・福光・水橋・富山と各地俳人の句を紹介。

A4判・95頁

---

太田久夫・仁ヶ竹亮介編　2022・3刊

## 林忠正等書簡集（翻刻）

1,800円

幕末に越中高岡の蘭方医・長崎家に生まれ、パリで世界的な美術商として成功、東西美術の交流に尽力した忠正が実家の長崎家に宛てた書簡等52通の翻刻を初公開。付録に忠正関連の文献・記事目録や口述自伝も収録。　A4判・111頁

## 越中資料集成

A5判 上製函入

富山藩侍帳／町吟味所御触書／越中古文書／越中紀行文集／喚起泉達録・越中奇談集／黒部奥山廻記録／旧新川県誌稿・海内果関係文書／越中真宗史料／越中立山古記録（Ⅰ・Ⅱ）（Ⅲ・Ⅳ）

## 城郭図面集

佐伯哲也　2012・5刊

**越中中世城郭図面集Ⅱ**

―東部編（下新川郡・黒部市・魚津市・滑川市）　2,000円

全国の中世城郭を調査してきた著者が、富山県の城館を紹介するシリーズ第２弾。鎌倉時代以降に築城され慶長20年（1615）以前に廃城となった東部の中世館41ヵ所を、松倉城（魚津市）を中心に縄張図や故事来歴で解説。　A4判・81頁

佐伯哲也　2013・11刊

**越中中世城郭図面集Ⅲ**

―西部（氷見・高岡・小矢部・砺波・南砺）・補遺編　5,000円

鎌倉期以降に築城、慶長20年（1615）以前に廃城の県西部の城館85ヵ所の縄張り図を掲げ、故事来歴も解説。有名な増山城や高岡城は特別増頁で紹介。これで219ヵ所を網羅することになるファン待望の三巻目完結編。　A4判・277頁

佐伯哲也　2015・8刊

**能登中世城郭図面集**

4,000円

旧能登国（珠洲市・輪島市・能都町・穴水町・志賀町・七尾市・中能登町・羽咋市・宝達志水町）の城郭119城を、すべて詳細な縄張図を添付して紹介。加えて文献史学・考古学の最新成果も解説。能登城郭を一覧できる決定版。　A4判・274頁

佐伯哲也　2017・3刊

**加賀中世城郭図面集**

5,000円

「百姓の持ちたる国」加賀国では一向一揆城郭と織田軍城郭がいりみだれて存在、最新知見をとりこみ従来報告の多くを訂正する。初源的な惣堀の残る和田山城（能美市）、北陸街道を扼する堅田城（金沢市）など63城、他28遺構。　A4判・229頁

佐伯哲也　2018・5刊

**飛驒中世城郭図面集**

5,000円

三木・江馬・姉小路氏が激突した舞台の城郭を、新視点から切り込み、新説を多く取り入れ解説。特論「松倉城の石垣について」は従来説を大きく覆す。全114城に詳細な平面図・推定復元図を添付して説明するので研究者必携。　A4判・300頁

佐伯哲也　2019・7刊

**越前中世城郭図面集Ⅰ**

―越前北部編
（福井県あわら市・坂井市・勝山市・大野市・永平寺町）　2,500円

詳細な縄張図を付した中世城郭51城。ほぼ無名だった越前北部の城郭を新視点から優れた城郭だったことを証明。また特論で、馬出曲輪の存在が朝倉氏城郭の特徴の一つという新説も発表。越前研究必携の３部作第１作。　A4判・143頁

佐伯哲也　2020・8刊

**越前中世城郭図面集Ⅱ**

―越前中部編（福井市・越前町・鯖江市）　2,500円

全53城館。有名な朝倉氏代々の居城・一乗谷城の詳細な縄張図はもちろん、谷を包囲する出城・支城すべての縄張図を紹介（足掛け30年を要した）。一乗谷城に関する特論（新説）も記載して、朝倉氏研究必携の一冊。　A4判・165頁

佐伯哲也　2021・12刊

**越前中世城郭図面集Ⅲ**

―越前南部編
（越前市・池田町・南越前町・敦賀市）　3,000円

怨み文字瓦が出土し、さらに初期天守の貴重な遺構のある小丸城。豊臣秀吉の名を高らしめた金ケ崎城、北陸・近畿の分岐点となる木ノ芽峠城塞群など、名城・堅城を満載。越前シリーズの完結編。　A4判・189頁

佐伯哲也　2022・10刊

**若狭中世城郭図面集Ⅰ**

―若狭東部編（美浜町・若狭町）　3,000円

北陸図面集シリーズの完結編。東部編として、美浜町・若狭町の中世城郭54城を紹介する。『国吉籠城記』で有名な国吉城や、朝倉軍が築いた陣城群、織田信長が宿泊した熊川城等を詳細に記載する。若狭中世城郭研究待望の一冊。　A4判・120頁

佐伯哲也　2024・2刊

## 若狭中世城郭図面集Ⅱ

——若狭西部編（小浜市・おおい町・高浜町）・補遺編　4,000円

若狭西部(小浜市・おおい町・高浜町)及び補遺編(福井県)で73城を取り上げる。若狭守護武田氏代々の居城後瀬山城や、在地領主の城でありながら優れた石垣を持つ白石山城、礎石建物を多数備えた石山城等多くの貴重な城郭を紹介。また新発見の城郭も記載する。さらに特別論文は、若狭中世城郭が優れた城郭だったことを立証している。若狭中世城郭を見直す城郭研究者必読の一冊といえよう。　A4判・210頁

# 桂新書　●本体800円

## 1　勝興寺と越中一向一揆

久保尚文　'83・10刊　'90三刷　180頁

前身土山坊、兄弟寺の井波瑞泉寺、二俣本泉寺に深くたち入り、文明13年一向一揆とのかかわりを分析し、加賀教団・一向衆徒、守護勢力などとの拮抗の中から越中教団の頂点にのしあがっていく勝興寺の発展原理を析出し歴史像を提示する。

## 11　加賀藩の入会林野

山口隆治　'08・12刊　171頁

村の負担する山銭に応じて加賀藩は林野の利用を認めたが、入会山地の地割も行ったので百姓の所有意識は地域によって異なった。引地と切高の関係を含めて入会地は誰のものかを分かりやすく解説。

## 13　油桐の歴史

山口隆治　'17・5刊　157頁

種一斗から油が三升とれたというアブラギリ。ゴマ・エゴマ・菜種・綿実についで灯用や食用をになってきたその生産実態を近江・若狭・越前・出雲・加賀・上総・駿河などに探り、販売や用途を含めて昭和30年代までの大要を解明。

## 14　加賀藩の林政

山口隆治　'19・8刊　155頁

農政改革に成功した加賀藩は、林政では成功したのか。森林管理の実態とともに、これまで取り上げられてこなかった建築土木用材や漆器用材、製塩燃材、陶器燃材などの林産物の生産・流通を明らかにすることで、加賀藩の林政に迫る。

## 15　越中・能登・加賀の原風景—『俳諧白嶺集』を読む

綿抜豊昭　'19・8刊　150頁

「息災に藁打つ音や梅の花」老親の元気を気付かれぬよう窺うこの句、人の感情にも歴史があると気づかせる。明治期『俳諧白嶺集』から現代とかなり異なる暮らしの感情をひろいだし、私たちはどこから来たのか、原風景を探る。

## 16　明智光秀の近世—狂句作者は光秀をどう詠んだか

綿抜豊昭　'19・9刊　173頁

明智光秀は、江戸時代、どのような武将と思われていたのか。光秀を詠じた狂句（川柳）を編集し、その解説をほどこすことによって、近世の「明智光秀像」を明らかにした本書は、日本文化における人物像の形成の仕方を知るに必見。

## 17　七尾「山の寺」寺院群—豊かなるブッディズムへの誘い

酢谷琢磨　'22・4刊　300頁

密集する浄土宗３、曹洞宗４、日蓮宗６、法華宗１、真言宗１、合わせて16の寺について由緒・本山・開基・本尊・重要文化財を解説、寒中水行から紅梅・桜・涅槃会、牡丹・ツツジと、花と行事が重なり移る様子など重宝する参詣ガイド。　1,000円

## 18　加賀の狂歌師　阿北斎

綿抜豊昭　'22・5刊　193頁

文化文政期に活躍、もじりと縁語の躍る狂歌集の中で最も写本の多いのが「あほくさい」左源次の歌集。そこから約150首を紹介して、笑いが人々を仕合せにした江戸期と、笑いに不寛容になりつつある現代とを浮き彫りにする。

## 19　金沢の景2021

酢谷琢磨　'23・10刊　349頁

植物、名所旧跡、菓子などのカラー画像と解説で綴る一年。①兼六園梅林梅・雪景色②金沢城雪景色③桜④ツツジ⑤薔薇・医王山鳶岩⑥アジサイ⑦兼六園梅林半夏生⑧オミナエシ・フジバカマ⑨名月と曼珠沙華⑩ホトトギス⑪兼六園山崎山紅葉⑫歳末風景。　1,800円

## ちょっとした記文

富山県福光町は戦時中、棟方志功が疎開した町として知られる。福光には棟方志功記念館「愛染苑」や福光美術館などに、棟方の作品が数多く残されている。その棟方が、福光で小学校の顧問として子どもたちに絵や書を教えたことがあったという。小学生のころ、棟方に指導を受けた方に聞くと、棟方は下手な絵や書を書く子供たちの作品を見ては『上手い上手い』と褒めちぎったのだという。書が下手だけど棟方に褒められた子の中には、書家を志そうと考えた子もいて、その子はやがて医者になった。つまり褒めることによって勉学への意欲が湧いたのである。棟方は褒めて人を育てることを考えていたようだ。その話を聞いて、叱ることも必要だが、褒めることも大切なことだと思い、教育のありかたを考えさせられた。この福光での棟方の活動は『棟方志功のお話』(湯浅直之著・本体1300円)として桂書房から出版されている。

(堀)

高校卒業と同時に金沢へ出て、8年ぶりに地元富山へ戻ってきた。金沢には馴染みの店、歩きたい道、眺めたい景色があり、悲しいときや嬉しいときにどこへ行けばいいのかも私は知っていた。富山は通学で行き来した街と飽きるほどみた田園風景しか知らず、戻ってきてからはどんな気分になっても、がんじがらめで苦しかった。そんななか、知人の紹介であるイベントに参加した。井波の街を歩き、土着的なアートを楽しむ住人に会い、参加者たちと対話した。私の知らない富山があった。

金沢へ引っ越した頃を思い出す。当時は好きでも嫌いでもなかった。生活しながら居場所をひとつずつ集めていたら、いつの間にか大好きな場所になっていた。富山でもできるかもしれない。富山を好きになれても金沢に戻りたいと思い続けるのかもしれない。それでも今は、小さな希望を逃したくないと思っている。

(綾)

五箇山には「五箇山とうふ」という食べ物がある。普通の豆腐と違って縄で縛っても形が崩れず、そのかたさは「寝るときに枕にした」と比喩されるほど。

そんなかたい豆腐を紹介するときに使う漢字は「固い」「堅い」「硬い」のどれなのか？本来は豆腐に使用する漢字ではないので悩ましいのだが、五箇山とうふの紹介記事を見ると大体の記事では「堅い」が使用されている。辞書で調べると「堅い」は中身が詰まっていて強いときに使用される。「固い」は外部が強くて耐久性があるときに使用される。「硬い」は物理的に頑丈で外力に強いときに使用されるらしい。

じゃあ、豆腐がかたいときってやっぱり「堅い」？でも形が崩れにくいなら「硬い」も間違いじゃないような…？悩みに悩んでいたら辞書に「固い」は「堅い」「硬い」の大抵の用法をまかなえるとあった。

…結局どれが正解なんですか？

(圭)



桂通信 NO.68　二〇二五年六月一〇日発行
発行 株式会社桂書房　編集 勝山敏一
〒930-0103 富山市北代三六八三—一一　振替 〇〇七八〇—八—一六七
TEL(〇七六)四三四—四六〇〇　FAX(〇七六)四三四—四六一七

# 桂書房の本・ご注文承り書

3千円以上のご注文は送料サービス。
代金は郵便振替用紙にて後払いです。

| 書名 | 本体価格 | 注文〇 |
|---|---|---|
| ある近代産婆の物語 | 二、八〇〇円 | |
| 戦国越中外史 | 二、〇〇〇円 | |
| 越嵐 戦国北陸三国志 | 二、八〇〇円 | |
| 越中富山 山野川湊の中世史 | 五、六〇〇円 | |
| 富山城の縄張と城下町の構造 | 五、〇〇〇円 | |
| 石垣から読み解く富山城 | 一、三〇〇円 | |
| 加賀藩を考える | 二、〇〇〇円 | |
| 加賀の狂歌師 阿北斎 | 八〇〇円 | |
| 立山信仰史研究の諸論点 | 二、五〇〇円 | |
| 浄土と曇鸞 | 一、八〇〇円 | |
| 宗教・反宗教・脱宗教（岩倉政治論） | 二、〇〇〇円 | |
| 堀田善衛の文学世界 | 二、〇〇〇円 | |
| 棟方志功・越中ものがたり | 二、〇〇〇円 | |
| 越中萬葉と記紀の古伝承 | 五、五〇〇円 | |
| 富山の探鳥地 | 一、〇〇〇円 | |
| 水橋町（富山県）の米騒動 | 一、〇〇〇円 | |
| 女一揆の誕生 | 一、〇〇〇円 | |
| 北陸海に鯨が来た頃 | 一、〇〇〇円 | |
| 加賀藩前田家と八丈島宇喜多一類 | 二、〇〇〇円 | |
| 加賀藩社会の医療と暮らし | 三、〇〇〇円 | |
| 加賀藩の十村と十村分役 | 一〇、〇〇〇円 | |
| 立山の賦—地球科学から | 三、〇〇〇円 | |
| 越中史の探求 | 二、四〇〇円 | |

| 書名 | 本体価格 | 注文〇 |
|---|---|---|
| スペイン風邪の記憶 | 一、三〇〇円 | |
| 地図の記憶 | 二、〇〇〇円 | |
| 山姥の記憶 | 二、〇〇〇円 | |
| 鉄道の記憶 | 三、八〇〇円 | |
| 有峰の記憶 | 二、四〇〇円 | |
| おわらの記憶 | 二、八〇〇円 | |
| となみ野散居村の記憶 | 二、四〇〇円 | |
| 蟹工船の記憶 | 二、四〇〇円 | |
| 越中の古代勢力と北陸社会 | 二、五〇〇円 | |
| ためされた地方自治 | 一、八〇〇円 | |
| 黒三ダムと朝鮮人労働者 | 二、〇〇〇円 | |
| 悪の日影 翁久允叢書1 | 一、〇〇〇円 | |
| 元禄の「グラミン銀行」 | 二、〇〇〇円 | |
| 学校をつくった男の物語 | 一、五〇〇円 | |
| ゆるりと風に。ここは北欧 | 一、八〇〇円 | |
| 北陸の中世城郭50選 | 二、七〇〇円 | |
| 社会を変革する科学・技術 | 三、六〇〇円 | |
| 富山の近世・近代—富山藩を中心に | 四、〇〇〇円 | |
| 富山の食と日本海 | 二、八〇〇円 | |
| 地方女子たちの選択 | 一、八〇〇円 | |
| | | |
| | | |
| | | |

ご注文者
住所氏名

〒　　　—

郵便はがき

930-0190

（受取人）

富山市北代三六八三－一一

**桂　書　房**　行

料金受取人払郵便

富山西局
承　　認

937

差出有効期間
2027年
7月31日まで

切手をはらずに
お出し下さい。

# 愛読者カード

このたびは当社の出版物をお買い上げくださいまして，ありがとうございます。お手数ですが本カードをご記入の上，ご投函ください。みなさまのご意見を今後の出版に反映させていきたいと存じます。また本カードは大切に保存して，みなさまへの刊行ご案内の資料と致します。

| | | | |
|---|---|---|---|
| 書　名 | | お買い上げの時期<br>年　月　日 | |
| ふりがな | | 男<br>女 | 西暦<br>昭和　年生　歳<br>平成 |
| お名前 | | | |
| ご住所 | 〒　TEL.　（　） | | |
| ご職業 | | | |

お買い上げの書店名　　書店　　都道府県　　市町

読後感をお聞かせください。

料金受取人払郵便

富山西局
承　認

**742**

差出有効期間
2026年
6月30日まで
切手をはらずに
お出し下さい。

郵便はがき

930-0190

（受取人）

富山市北代3683－11

# 桂　書　房　行

下記は小社出版物ですが，お持ちの本，ご注文する本に○印をつけて下さい。

| 書名 | 本体価格 | 持っている | 注文 | 書名 | 本体価格 | 持っている | 注文 |
|---|---|---|---|---|---|---|---|
| 定本 納棺夫日記 | 1,500円 | | | スペイン風邪の記憶 | 1,300円 | | |
| 長い道 | 1,900円 | | | 地図の記憶 | 2,000円 | | |
| 越中五箇山 炉辺史話 | 800円 | | | 鉄道の記憶 | 3,800円 | | |
| 孤村のともし火 | 1,200円 | | | 有峰の記憶 | 2,400円 | | |
| 二人の炭焼、二人の紙漉 | 2,000円 | | | おわらの記憶 | 2,800円 | | |
| 百年前の越中方言 | 1,600円 | | | 散居村の記憶 | 2,400円 | | |
| 富山県の基本図書 | 1,800円 | | | 蟹工船の記憶 | 2,400円 | | |
| 古代越中の万葉料理 | 1,300円 | | | となみ野探検ガイドマップ | 1,300円 | | |
| 勝興寺と越中一向一揆 | 800円 | | | 立山の賦－地球科学から | 3,000円 | | |
| 明智光秀の近世 | 800円 | | | 富山地学紀行 | 2,200円 | | |
| 加賀藩の入会林野 | 800円 | | | とやま巨木探訪 | 3,200円 | | |
| 越中怪談紀行 | 1,800円 | | | 富山の探鳥地 | 2,000円 | | |
| とやまの石仏たち | 2,800円 | | | 富山の祭り | 1,800円 | | |
| 石の説話 | 1,500円 | | | 千代女の謎 | 800円 | | |
| 油桐の歴史 | 800円 | | | 生と死の現在（いま） | 1,500円 | | |
| 神通川むかし歩き | 900円 | | | ホイッスルブローアー＝内部告発者 | 1,200円 | | |
| ためされた地方自治 | 1,800円 | | | 富山なぞ食探検 | 1,600円 | | |
| 棟方志功 装画本の世界 | 4,400円 | | | 野菜の時代－富山の食と農 | 1,600円 | | |
| 悪の日影 | 1,000円 | | | 立山縁起絵巻 有頼と十の物語 | 1,200円 | | |

| | | | |
|---|---|---|---|
| 160. ワシカモメ | 冬鳥 | 少 | 朝日町朝日町海岸（2011年２月12日）・朝日町赤川海岸（2012年２月15日）・黒部市黒部川河口（1994年２月26日）・魚津市三ヶ（2005年11月25日）・射水市新湊東漁港（1999年12月３日）（2003年１月６日）（2005年２月20日）・射水市庄川河口（1986年10月21日）・氷見市灘浦（2008年２月11日）などで記録がある。 |
| 161. シロカモメ | 冬鳥 | 少 | 春・秋・冬に黒部市黒部川河口・富山市常願寺川今川橋上流・射水市新湊東漁港・射水市庄川河口・氷見市氷見海岸などで見られることがある。 |
| 162. カモメ | 冬鳥 | 多 | 春・秋・冬に河川・海岸などで見られる。 |
| 163. ウミネコ | 冬鳥 | 多 | 春・秋・冬に河川・海岸などで見られる。黒部市黒部川河口で繁殖（1995年５月28日抱卵～６月17日雛）した記録がある。 |
| 164. ズグロカモメ | 旅・冬 | 稀 | 黒部市黒部川河口（1998年７月１日）・黒部市吉田（2008年12月７日）・滑川市笠木（2008年12月７日）・富山市常願寺川今川橋上流（2006年４月１日）・射水市海竜町（1989年12月10日）・射水市海王町（1988年１月18日）（1988年12月４日）（1994年11月20日）（1996年12月27日）・射水市庄川高新大橋上流（1991年５月21日）・氷見市十二町潟（1988年３月４日）などで記録がある。 |
| 165. ミツユビカモメ | 冬 | 稀 | 黒部市黒部川河口（1993年１月４日）・射水市庄川河口（1986年４月16日）（1988年２月22日）・射水市海王町（1997年１月25日）などで記録がある。 |
| 166. ハジロクロハラアジサシ | 旅鳥 | 少 | 黒部市黒部川河口（1993年８月29日）（1994年７月５日）（1995年６月17日）（2006年６月25日）（2007年５月20日）（2008年６月９日）（2009年５月18日）・富山市神通川新保大橋上流（1993年５月16日）・射水市海竜町（1993年６月８日）（1993年７月15日）・射水市海王町（1984年９月２日）（1985年10月19日）（1990年８月28日）などで記録がある。 |
| 167. クロハラアジサシ | 旅鳥 | 少 | 朝日町小川河口（2000年７月３日）・黒部市黒部川河口（1994年６月21日）（2000年７月２日）（2004年５月15日）（2005年５月28日）（2006年６月25日）（2008年６月９日）（2009年６月23日）（2011年６月14日）・富山市常願寺川今川橋上流（2005年６月27日）（2010年５月27日）・富山市神通川神通大橋下流（1992年６月18日）・富山市上轡田富山県中央植物園（2011年10月19日）・射水市海竜町（1993年６月９日）・射水市海王町（1987年10月４日）（2006年６月23日）・射水市庄川高新大橋上流（1989年５月16日）（2011年９月26日）などで記録がある。 |
| 168. オニアジサシ | 旅鳥 | 極稀 | 富山市常願寺川河口（1980年12月１日）で記録がある。 |

| | | | |
|---|---|---|---|
| 169. ハシブトアジサシ | 旅鳥 | 極稀 | 黒部市黒部川河口（1992年７月28日）（1997年８月14日）で記録がある。 |
| 170. アジサシ | 夏・旅 | 少 | 春・秋に黒部市黒部川河口などで見られることがある。黒部市黒部川河口の砂州で日本で初めて繁殖（1993年５月16日～７月15日）（1995年5月13日・抱卵）したことがある。 |
| 171. コアジサシ | 夏鳥 | 普 | 黒部市黒部川下流など河川の中州で繁殖する。 |

### ウミスズメ科

| | | | |
|---|---|---|---|
| 172. ウミガラス | 冬鳥 | 稀 | 氷見市島尾海岸沖（1959年２月24日）（1978年２月７日）・氷見市阿尾海岸沖（1978年12月４日）・高岡市雨晴海岸沖（1979年１月16日）・魚津市経田海岸沖（1980年１月13日）などで記録がある。 |
| 173. ケイマフリ | 冬鳥 | 極稀 | 氷見市灘浦（1973年１月20日）・富山市浜黒崎沖（1999年12月24日）などで記録がある。 |
| 174. マダラウミスズメ | 冬鳥 | 極稀 | 黒部市黒部川河口（1977年１月15日）・氷見市島尾海岸沖（1995年３月９日）・氷見市氷見漁港沖（2009年２月11日）などで記録がある。 |
| 175. ウミスズメ | 冬鳥 | 少 | 氷見市島尾海岸沖・魚津市北鬼江沖などで見られることがある。氷見市島尾海岸（1998年３月22日）で約300羽の記録がある。氷見市氷見漁港沖（2010年２月20日）の記録がある。 |
| 176. カンムリウミスズメ | 冬鳥 | 極稀 | 氷見海岸沖で見られることがある。高岡市小矢部川（1963年12月）・氷見市中田（1968年11月1日）・氷見市灘浦（1976年5月3日）などで記録がある。 |
| 177. エトロフウミスズメ | 冬鳥 | 極稀 | 射水市八幡町（1995年７月１日）で記録がある。 |
| 178. コウミスズメ | 冬鳥 | 極稀 | 氷見市島尾海岸沖（1989年12月11日）（1995年２月25日）などで記録がある。 |
| 179. ウトウ | 冬鳥 | 極稀 | 氷見市島尾海岸（1959年３月９日）・氷見市氷見海岸沖（1978年４月26日）などで記録がある。 |

## ハト目

### ハト科

| | | | |
|---|---|---|---|
| 180. キジバト | 留鳥 | 多 | 平野部から山地まで広く分布する。冬にも繁殖する。 |
| 181. アオバト | 夏鳥 | 普 | 山地で少数が繁殖する。８月下旬から９月にかけて富山市浜黒崎海岸・高岡市雨晴海岸・朝日町元屋敷海岸などに群れで海水を飲みにくることがある。 |

## カッコウ目

### カッコウ科

| | | | |
|---|---|---|---|
| 182. ジュウイチ | 夏鳥 | 少 | 山地で少数が繁殖する。春・秋には入善町墓ノ木自然公 |

園などで少数が見られる。

| | | | | |
|---|---|---|---|---|
| 183. | カッコウ | 夏鳥 | 普 | 河川・山地などで少数が繁殖する。 |
| 184. | ツツドリ | 夏鳥 | 普 | 山地で少数が繁殖する。春・秋には入善町墓ノ木自然公園などで少数が見られる。 |
| 185. | ホトトギス | 夏鳥 | 普 | 山地で少数が繁殖する。春・秋には入善町墓ノ木自然公園などで少数が見られる。 |

## フクロウ目

### フクロウ科

| | | | | |
|---|---|---|---|---|
| 186. | トラフズク | 冬鳥 | 少 | 射水市海竜町・海王町や河川の下流部などで少数が越冬することがある。 |
| 187. | コミミズク | 冬鳥 | 少 | 射水市海竜町・海王町や河川の下流部などで少数が越冬することがある。 |
| 188. | コノハズク | 夏鳥 | 少 | 山地で少数が繁殖する。 |
| 189. | オオコノハズク | 夏鳥 | 稀 | 山地で少数が繁殖する。 |
| 190. | アオバズク | 夏鳥 | 少 | 平地から山地で少数が繁殖する。 |
| 191. | フクロウ | 留鳥 | 少 | 平地から山地で少数が繁殖する。 |

## ヨタカ目

### ヨタカ科

| | | | | |
|---|---|---|---|---|
| 192. | ヨタカ | 夏鳥 | 少 | 山地で少数が繁殖する。 |

## アマツバメ目

### アマツバメ科

| | | | | |
|---|---|---|---|---|
| 193. | ハリオアマツバメ | 夏鳥 | 少 | 春・秋の渡りの季節に県内各地で群れが見られる。 |
| 194. | アマツバメ | 夏鳥 | 普 | 春・秋の渡りの季節に県内各地で群れが見られる。高山で繁殖している。立山町称名滝（2005年7月17日）で1,000＋羽の記録がある。 |

## ブッポウソウ目

### カワセミ科

| | | | | |
|---|---|---|---|---|
| 195. | ヤマセミ | 留鳥 | 普 | 山地で少数が繁殖する。 |
| 196. | ヤマショウビン | 迷鳥 | 極稀 | 富山市浜黒崎（1990年６月19日）で記録がある。 |
| 197. | アカショウビン | 夏鳥 | 少 | 山地で少数が繁殖する。 |
| 198. | カワセミ | 留鳥 | 普 | 平地から山地で繁殖する。1960年代までは各地の水辺で普通に見られた。 |

### ブッポウソウ科

| | | | | |
|---|---|---|---|---|
| 199. | ブッポウソウ | 夏鳥 | 少 | 立山町美女平・富山市有峰・南砺市西赤尾など山地で繁 |

殖する。個体数がかなり減少している。

### ヤツガシラ科

| | | | |
|---|---|---|---|
| 200. ヤツガシラ | 旅鳥 | 少 | 朝日町木流川下流（2006年４月15日）・黒部市黒部川河口（1991年３月10日）・入善町沢杉（1991年４月16日）・富山市海岸通り（1986年４月14日）（1987年４月13日）・富山市神通川富山大橋付近（2006年３月27日）・富山市ねいの里（1987年５月２日）・射水市海王町（1987年２月22日）（1996年12月29日）（2004年４月11日）（2010年３月18日）・高岡市国分（2004年３月26日）（2004年４月５日）などで記録がある。 |

## キツツキ目

### キツツキ科

| | | | |
|---|---|---|---|
| 201. アリスイ | 旅鳥 | 少 | 春・秋に少数が渡来する。４月16日前後に射水市海王バードパークなどで観察されることがある。 |
| 202. アオゲラ | 留鳥 | 普 | 山地で繁殖する。 |
| 203. アカゲラ | 留鳥 | 普 | 山地で繁殖する。 |
| 204. オオアカゲラ | 留鳥 | 少 | 山地で少数が繁殖する。 |
| 205. コゲラ | 留鳥 | 普 | 平地から山地で繁殖する。 |

## スズメ目

### ヤイロチョウ科

| | | | |
|---|---|---|---|
| 206. ヤイロチョウ | 夏？・旅 | 極稀 | 富山市細谷（2006年５月25日）・砺波市頼成の森（2010年６月５日）などで記録がある。 |

### ヒバリ科

| | | | |
|---|---|---|---|
| 207. ヒバリ | 夏鳥 | 多 | 平地の農耕地や草地などで繁殖する。2003年と2004年の５月から８月にかけて立山町室堂ターミナル前とリンドウ池周辺でそれぞれつがいと考えられる２個体が生息し飛翔さえずりを繰り返していたという記録がある。 |
| 208. ハマヒバリ | 旅鳥 | 極稀 | 射水市海王町（1994年３月26日）（2008年11月）で記録がある。 |

### ツバメ科

| | | | |
|---|---|---|---|
| 209. ショウドウツバメ | 旅鳥 | 普 | ５月下旬から６月上旬、９月下旬から10月上旬に河川・射水市海王バードパークなどで見られる。 |
| 210. ツバメ | 夏鳥 | 多 | 平地で繁殖する。少数の個体が越冬する。 |
| 211. コシアカツバメ | 夏鳥 | 普 | 富山市富山駅前などのビル街や橋梁などで繁殖する。 |
| 212. イワツバメ | 夏鳥 | 多 | 山地の橋梁・コンクリートの建物などで繁殖する。<br>立山町室堂平で繁殖する。室堂平で厳冬期（1979年３月14日）の記録がある。 |

### セキレイ科

| | | | |
|---|---|---|---|
| 213. キセキレイ | 夏鳥 | 普 | 呉羽山などの丘陵地から高山帯まで広い範囲で繁殖する。立山町室堂平で厳冬期（1981年３月17日）（1982年３月８日）の記録がある。 |
| 214. ハクセキレイ | 留鳥 | 普 | 平地の人工物などで繁殖する。<br>富山市本宮で亜種ホオジロハクセキレイと亜種ハクセキレイの育雛例（1977年５月22日）がある。 |
| 215. セグロセキレイ | 留鳥 | 普 | 山地の民家などで繁殖する。 |
| 216. ビンズイ | 留・夏 | 普 | 亜高山で繁殖する。冬期は平地の松林などで少数が越冬する。 |
| 217. ムネアカタヒバリ | 旅鳥 | 稀 | 射水市海王町（1981年４月29日）（1982年９月４日）（1984年４月７日）（1984年11月26日）（1984年12月８日）（1985年４月29日）・射水市堀岡新明神（1995年５月２日）などの記録がある。 |
| 218. タヒバリ | 冬鳥 | 少 | 射水市海王町や水田などで少数が越冬する。 |

### サンショウクイ科

| | | | |
|---|---|---|---|
| 219. サンショウクイ | 夏鳥 | 普 | 山地で繁殖する。50羽あまりの群れが見られることもある。 |

### ヒヨドリ科

| | | | |
|---|---|---|---|
| 220. ヒヨドリ | 留・旅 | 多 | 平地から山地で繁殖する。 |

### モズ科

| | | | |
|---|---|---|---|
| 221. チゴモズ | 夏鳥 | 稀 | 近年では入善町沢杉（1991年５月11日）・入善町板屋（1996年７月13日）・黒部市大島（1991年６月１日）・上市町馬場島（1991年５月７日）・上市町穴ノ谷（1992年６月16日）・上市町片地池（1991年３月10日）・富山市北代（1981年５月13日）・富山市八ヶ山（1981年８月20日）などで記録がある。 |
| 222. モズ | 留鳥 | 普 | 平地から山地で繁殖する。立山町室堂平雷鳥沢（2011年９月25日）で記録がある。 |
| 223. アカモズ | 夏・旅 | 稀 | 富山市馬場記念公園（1978年８月27日）・射水市共同火力発電所（1992年７月）などで繁殖の記録がある。春・秋に河川敷などで見られることがある。 |

### レンジャク科

| | | | |
|---|---|---|---|
| 224. キレンジャク | 旅・冬 | 少 | 魚津市・射水市のリンゴ園などに渡来することがある。1996年12月～1997年２月に県内27ヶ所で計約1,200羽が記録されたことがある。 |
| 225. ヒレンジャク | 旅・冬 | 少 | 魚津市・射水市のリンゴ園などに渡来することがある。 |

### カワガラス科

| | | | |
|---|---|---|---|
| 226. カワガラス | 留鳥 | 普 | 小矢部市宮島峡など山地の滝などで繁殖する。 |

### ミソサザイ科

| | | | |
|---|---|---|---|
| 227. ミソサザイ | 留鳥 | 普 | 山地から亜高山まで渓流の崖地などで繁殖する。冬期は平地から山地で越冬する。 |

### イワヒバリ科

| | | | |
|---|---|---|---|
| 228. イワヒバリ | 留鳥 | 普 | 立山町室堂平など高山帯の岩場で繁殖する。南砺市東城寺（1973年１月24日）・魚津市大熊（2011年１月10日）で冬期の記録がある。 |
| 229. ヤマヒバリ | 冬・旅 | 稀 | 入善町墓ノ木自然公園（1991年12月31日）（1993年12月）・富山市婦中町高塚（1973年11月16日）（1976年11月17日）・高岡市雨晴（1997年２月10日）などで記録がある。 |
| 230. カヤクグリ | 留鳥 | 普 | 立山町室堂平など高山帯のハイマツ林で繁殖する。南砺市東城寺（1974年２月15日）・立山町弥陀ヶ原（1983年４月30日）の記録がある。 |

### ツグミ科

| | | | |
|---|---|---|---|
| 231. コマドリ | 夏鳥 | 普 | 立山町美女平・富山市有峰などの山地で繁殖する。 |
| 232. ノゴマ | 旅鳥 | 少 | 入善町墓ノ木自然公園・射水市海王町などで春・秋に見られる。 |
| 233. コルリ | 夏鳥 | 普 | 立山町美女平・富山市有峰などの山地で繁殖する。 |
| 234. ルリビタキ | 留鳥 | 普 | 立山町弥陀ヶ原・天狗平など亜高山帯のオオシラビソ林が主な繁殖地である。亜高山帯のミヤマハンノキ～ダケカンバ群集の植生帯から立山町室堂平周辺など高山帯下部のハイマツ林まで広い範囲で繁殖する。冬期は平地から山地で越冬する。 |
| 235. ジョウビタキ | 冬鳥 | 普 | 平地から山地で越冬する。 |
| 236. ノビタキ | 旅鳥 | 普 | 農耕地・河川敷などで春・秋に見られる。 |
| 237. セグロサバクヒタキ | 旅鳥 | 極稀 | 射水市海竜町（1991年９月29日）で記録がある。 |
| 238. イソヒヨドリ | 留鳥 | 普 | 海岸の近くの民家などで少数が繁殖する。富山市八尾町・砺波市庄川町小牧ダムなど内陸部でも見られることがある。立山町地獄谷近く（1998年10月24日）で記録がある。 |
| 239. トラツグミ | 留鳥 | 普 | 山地で繁殖する。平地の公園などで越冬する。 |
| 240. マミジロ | 夏鳥 | 少 | 山地で少数が繁殖する。 |
| 241. クロツグミ | 夏鳥 | 普 | 山地で繁殖する。平地で越冬することもある。 |
| 242. アカハラ | 夏・旅 | 普 | 立山町弥陀ヶ原から美松坂にかけて繁殖するが少ない。春・秋は入善町墓ノ木自然公園・富山市馬場記念公園・射水市新港の森などで見られる。立山町室堂平（1995年４月26日）で死体の記録がある。 |

| | | | |
|---|---|---|---|
| 243. シロハラ | 冬鳥 | 普 | 平地から山地で越冬する。 |
| 244. マミチャジナイ | 旅鳥 | 普 | 春・秋に山地で見られる。10月中旬頃に柿の木で群れが見られる。 |
| 245. ツグミ | 冬鳥 | 多 | 平地から山地で越冬する。 |

ウグイス科

| | | | |
|---|---|---|---|
| 246. ヤブサメ | 夏鳥 | 普 | 山地で繁殖する。 |
| 247. ウグイス | 留鳥 | 多 | 平地から亜高山で繁殖する。 |
| 248. エゾセンニュウ | 旅鳥 | 少 | 春・秋に河川敷などの藪で見られることがある。 |
| 249. シマセンニュウ | 旅鳥 | 少 | 春・秋に射水市海王バードパーク・河川敷などの葦原で見られることがある。 |
| 250. コヨシキリ | 夏鳥 | 少 | 河川・射水市海竜町・射水市海王町などの葦原で少数が繁殖する。 |
| 251. オオヨシキリ | 夏鳥 | 多 | 河川・射水市海竜町・射水市海王町などの葦原で繁殖する。 |
| 252. チフチャフ | 迷鳥 | 極稀 | 富山市馬場記念公園（1996年11月22日）で死体の記録がある。 |
| 253. メボソムシクイ | 夏鳥 | 普 | 立山町弥陀ヶ原・天狗平など亜高山帯のオオシラビソ林が主な繁殖地である。亜高山帯のミヤマハンノキ～ダケカンバ群集の植生帯から立山町室堂平周辺など高山帯下部のハイマツ林まで広い範囲で繁殖する。 |
| 254. エゾムシクイ | 夏鳥 | 普 | 山地で繁殖する。メボソムシクイほど多くない。 |
| 255. センダイムシクイ | 夏鳥 | 多 | 山地で繁殖する。 |
| 256. キクイタダキ | 留鳥 | 普 | 立山町立山弥陀ヶ原・松尾峠など亜高山で繁殖する。冬期は平地から山地で越冬する。 |
| 257. セッカ | 夏鳥 | 稀 | チガヤが群生する草原・河川敷で繁殖する。1970年代までは常願寺川・神通川・庄川・小矢部川の中流部から下流部の河川敷で見られた。1980年代から1990年代においては射水市海王町・海竜町で計５～６つがいが繁殖していたが2000年代に入ると次第に見られなくなった。近年では高岡市下牧野庄川河川敷（2009年８月31日）などの記録がある。 |

ヒタキ科

| | | | |
|---|---|---|---|
| 258. マミジロキビタキ | 旅鳥 | 極稀 | 朝日町小川温泉（1954年５月15日雄）・入善町墓ノ木自然公園（2011年５月１日雄）の記録がある。 |
| 259. キビタキ | 夏鳥 | 普 | 富山市呉羽山・富山市三熊古洞の森・立山町立山美女平・富山市有峰など丘陵地から山地で繁殖する。立山町立山室堂（1995年４月26日）で死体の記録がある。 |
| 260. ムギマキ | 旅鳥 | 少 | 入善町墓ノ木自然公園・富山市三熊古洞の森・滑川市行田公園など平地の公園や丘陵地などに少数が渡来する。 |
| 261. オジロビタキ | 旅鳥 | 極稀 | 入善町墓ノ木自然公園（1987年９月15日）・射水市南太閤山（2011年１月６日）で記録がある。 |
| 262. オオルリ | 夏鳥 | 普 | 富山市呉羽山・富山市三熊古洞の森・立山町立山美女平 |

など丘陵地から山地で繁殖する。

263. サメビタキ　夏鳥　少　立山町立山ブナ坂・富山市有峰折立など亜高山で少数が繁殖する。

264. エゾビタキ　旅鳥　普　入善町墓ノ木自然公園・富山市馬場記念公園・富山市呉羽山・富山市三熊古洞の森など平地の公園や丘陵地などに渡来する。

265. コサメビタキ　夏・旅　多　入善町墓ノ木自然公園・富山市馬場記念公園・富山市呉羽山・富山市三熊古洞の森など平地の公園や丘陵地などに渡来する。

**カササギヒタキ科**

266. サンコウチョウ　夏鳥　普　上市町片地の池・富山市三熊古洞の森・富山市呉羽山など丘陵地から山地で繁殖する。

**エナガ科**

267. エナガ　留鳥　多　平地から山地で繁殖する。

**ツリスガラ科**

268. ツリスガラ　冬鳥　稀　黒部市立野（1992年２月23日）・射水市海王町（1988年２月11日）（1988年11月４日）などで越冬したことがある。射水市高新大橋上流（1993年４月28日）（1996年３月16日）などで記録がある。

**シジュウカラ科**

269. コガラ　留鳥　多　山地で繁殖する。平地から山地で越冬する。

270. ヒガラ　留鳥　多　山地から亜高山で繁殖する。平地から山地で越冬する。

271. ヤマガラ　留鳥　多　平地から山地で繁殖する。平地から山地で越冬する。

272. シジュウカラ　留鳥　多　平地から山地で繁殖する。平地から山地で越冬する。

**ゴジュウカラ科**

273. ゴジュウカラ　留鳥　多　立山町美女平・富山市有峰など山地で繁殖する。山地で越冬する。

**キバシリ科**

274. キバシリ　留鳥　少　立山町美女平・富山市有峰など山地で繁殖する。山地で越冬する。

**メジロ科**

275. メジロ　留鳥　多　平地から山地で繁殖する。立山町室堂平（1984年５月13日）で死体の記録がある。

**ホオジロ科**

276. ホオジロ　留鳥　多　平地から山地で繁殖する。

| | | | |
|---|---|---|---|
| 277. コジュリン | 夏鳥 | 稀 | 射水市海王町（1987年５月20日）（1988年７月１日～９月16日）で繁殖したことがある。射水市庄川高岡大橋下流（2006年10月1日）で記録がある。 |
| 278. ホオアカ | 留・夏 | 普 | 富山市常願寺川下流・富山市神通川下流・富山市千里・射水市庄川下流・射水市海王町などで少数が繁殖する。 |
| 279. カシラダカ | 冬鳥 | 多 | 丘陵地・農耕地・河川敷などで越冬する。 |
| 280. ミヤマホオジロ | 冬鳥 | 普 | 平地から丘陵地で越冬する。 |
| 281. ノジコ | 夏鳥 | 普 | 富山市八尾町栃折など山地で繁殖する。 |
| 282. アオジ | 留・冬 | 多 | 山地で少数が繁殖する。葦原・河川敷・丘陵地などで越冬する。立山町地獄谷（2004年）で巣立ち間もない雛が見つかった記録がある。 |
| 283. クロジ | 夏鳥 | 普 | 立山町美女平・富山市有峰など山地から亜高山で繁殖する。 |
| 284. オオジュリン | 冬鳥 | 普 | 射水市海王バードパークや河川の葦原で越冬する。 |
| 285. ユキホオジロ | 冬鳥 | 稀 | 黒部市黒部川河口（1961年11月26日）（1992年２月22日）（1999年12月22日）・滑川市滑川海岸（2006年11月22日）・射水市海王町（1979年12月４日）（1980年１月５日）・射水市海竜町（1991年２月３日）などで記録がある。 |

## アトリ科

| | | | |
|---|---|---|---|
| 286. アトリ | 冬鳥 | 多 | 入善町墓ノ木自然公園・富山市三熊古洞の森・高岡市高岡古城公園などで越冬する。富山市笹原（2006年４月９日）で１万羽以上と思われる大群の記録がある。 |
| 287. カワラヒワ | 留鳥 | 多 | 平地の公園・河川敷や山地などで繁殖する。 |
| 288. マヒワ | 冬鳥 | 普 | 立山町室堂平（1995年４月26日）の記録がある。<br>冬期に丘陵地・河川敷・海岸などで見られる。 |
| 289. ベニヒワ | 冬鳥 | 稀 | 冬期に山地・河川敷などで見られることがある。<br>1996年11月～1997年４月に県内９ヶ所で計約320羽が記録されたことがある。 |
| 290. ハギマシコ | 冬鳥 | 少 | 冬期に山地の崖地・河川敷などで見られることがある。立山町室堂平（2004年４月18日）で約10羽の記録がある。1997年１月～２月に県内11ヶ所で計約140羽が記録されたことがある。 |
| 291. オオマシコ | 冬鳥 | 稀 | 冬期に丘陵地の崖地で見られることがある。黒部市四十八ヶ瀬大橋下流（1999年１月18日）・上市町堤谷（2007年３月８日）・上市町湯神子(2009年１月25日)・立山町立山青少年自然の家付近（2007年４月１日）・富山市上滝（1997年1月15日）・富山市猿倉山（1980年11月９日）・富山市御前山（1997年３月29日）・富山市城山（1997年３月11日）・射水市串田（2007年１月13日）・射水市海王町（1997年２月２日）などで記録がある。 |

| | | | |
|---|---|---|---|
| 292. ギンザンマシコ | 冬鳥 | 極稀 | 富山市婦中高塚（1986年11月18日）で雌１羽の記録がある。 |
| 293. イスカ | 冬鳥 | 稀 | 富山市岩瀬古志の松原（1986年４月17日）・富山市浜黒崎（1986年７月14日）（1990年10月17日）（1990年11月19日）・氷見市島尾海岸（1998年４月18日）などで記録がある。 |
| 294. ベニマシコ | 冬鳥 | 普 | 丘陵地・河川敷などで見られる。春に個体数が多くなる。 |
| 295. ウソ | 留鳥 | 普 | 立山町弥陀ヶ原・天狗平など亜高山帯のオオシラビソ林が主な繁殖地である。標高約1,400mの立山町上ノ小平から立山町室堂平周辺など高山帯下部のハイマツ林まで広い範囲で繁殖する。冬期は富山市呉羽山・高岡市高岡古城公園など平地から山地で越冬する。 |
| 296. コイカル | 旅・冬 | 稀 | 高岡市高岡古城公園などで越冬することもある。 |
| 297. イカル | 留鳥 | 普 | 山地で繁殖する。冬期は平地の公園などでも見られる。 |
| 298. シメ | 冬鳥 | 普 | 富山市呉羽山・射水市新港の森・高岡市高岡古城公園など平地から丘陵地で越冬する。 |

## ハタオリドリ科

| | | | |
|---|---|---|---|
| 299. ニュウナイスズメ | 留・夏 | 普 | 南砺市利賀・南砺市上平・南砺市平など山地で繁殖する。８月上旬から山麓の水田で群れが見られる。 |
| 300. スズメ | 留鳥 | 多 | 平地から山地まで民家などで繁殖する。 |

## ムクドリ科

| | | | |
|---|---|---|---|
| 301. ギンムクドリ | 冬鳥 | 極稀 | 射水市土代（2002年２月20日雌）・射水市海王町（2009年２月10日雄）で記録がある。 |
| 302. コムクドリ | 夏鳥 | 普 | 朝日町・入善町・黒部市などの平地から丘陵地で少数が繁殖する。 |
| 303. ホシムクドリ | 冬鳥 | 極稀 | 富山市北押川（2007年２月８日）・魚津市大海寺（2007年２月８日）・富山市西押川（2011年12月25日）の記録がある。 |
| 304. ムクドリ | 留鳥 | 多 | 平地から山地で繁殖する。 |

## コウライウグイス科

| | | | |
|---|---|---|---|
| 305. コウライウグイス | 旅鳥 | 極稀 | 富山市蓮町馬場記念公園（1998年６月）・上市町法音寺（2005年６月９日）などで記録がある。 |

## カラス科

| | | | |
|---|---|---|---|
| 306. カケス | 留鳥 | 普 | 丘陵地から亜高山で繁殖する。 |
| 307. オナガ | 留鳥 | 普 | 平地で繁殖する。 |
| 308. カササギ | 旅鳥？ | 少 | 入善町八幡（1997年１月19日）・富山市常願寺川河口（1994年５月30日）・富山市岩瀬白山町（1994年８月28日）・富山市四方（1993年１月18日）（1998年６月 |

| | | | |
|---|---|---|---|
| | | | 20日）・富山市四方浜公園（1999年６月５日）・射水市海王町（1985年12月26日）（2008年10月28日）（2009年２月15日）・射水市八幡町（1995年４月20日）・射水市本町（1987年12月20日）・射水市本開発（2004年５月18日）・射水市太閤山（2004年５月23日）・氷見市阿尾（2006年11月12日）などで記録がある。 |
| 309. ホシガラス | 留鳥 | 普 | 立山町弥陀ヶ原・天狗平など亜高山帯のオオシラビソ林が主な繁殖地である。亜高山帯のミヤマハンノキ～ダケカンバ群集の植生帯から立山町室堂平周辺など高山帯下部のハイマツ林まで広い範囲で繁殖する。 |
| 310. コクマルガラス | 冬鳥 | 少 | 射水市一条（1992年１月31日）で富山県初記録後毎年平地の農耕地などで少数が越冬する。富山市東老田（1996年１月10日，淡色型２羽・暗色型17羽計19羽）・入善町高畠（2009年３月15日、11羽）などの記録がある。 |
| 311. ミヤマガラス | 冬鳥 | 普 | 富山市城山（1987年５月３日）で富山県初記録後毎年平地の農耕地などで多数が越冬する。富山市東老田（1996年１月10日）と富山市高木（1996年11月23日）で約1,000羽の記録がある。 |
| 312. ハシボソガラス | 留鳥 | 多 | 平地から山地で繁殖する。立山町室堂平で１月から３月の厳冬期に見られることもある。 |
| 313. ハシブトガラス | 留鳥 | 普 | 平地から山地で繁殖する。立山町室堂平で１月から３月の厳冬期に見られることもある。 |

その他、下記の報告例などがあったが、証拠写真を確認できなかったため目録には掲載しなかった。

ハシジロアビ（氷見市氷見海岸 1962年１月10日・富山市四方 1978年２月26日観察記録・滑川市上市川河口 1986年１月15日）・フルマカモメ（上市町熊野 1978年７月23日・朝日町泊 1959年９月29日観察記録）・シロハラミズナギドリ（南砺市西赤尾町 1959年９月26日・朝日町宮崎 1959年９月27日看護記録）・コシジロウミツバメ（高岡市 1959年９月26日伊勢湾台風により人家に迷入・射水市新湊港 1962年11月26日負傷衰弱個体が筏で入港）・シラオネッタイチョウ（射水市放生津 1976年９月５日観察記録）・オオヨシゴイ（朝日町桜町 1956年９月5日死体・射水市海王町 1980年11月15日）・シマクイナ（高岡市佐野 1970年１月６日観察記録）・ツルクイナ（高岡市高岡古城公園 1958年10月28日・富山市婦中町 1972年11月16日観察記録）・ヒメハマシギ（射水市海王町 1980年10月４日）・トウゾクカモメ（射水市海王町 1984年９月23日観察記録）・クロトウゾクカモメ（射水市海王町 1982年８月４日観察記録）・ハシグロクロハラアジサシ（射水市海王町 1983年９月29日）・オオアジサシ（射水市片口 1964年７月26日・富山市松木神通川 1967年８月13日・富山市石坂神通川 1965年10月31日・射水市堀岡 1978年９月３日・射水市海王町 1979年９月16日観察記録）・セグロアジサシ（朝日町泊 1966年９月27日・南砺市大寺山 1973年７月16日渡来記録）・ヒメアマツバメ（営巣）・コヒバリ（射水市練合 1980年11月２日観察記録）・オオモズ（富山市八町 1978年３月20日・富山市城山 1978年５月20日観察記録）・マキノセンニュウ（立山町浄土山 1972年５月21日死体・射水市足洗潟 1975年５月24日観察記録・富山市神通川河口 1978年５月29日観察記録）・ムジセッカ（射水市海王町 1996年10月15日）・シラガホオジロ（射水市海王町 1988年１月12日）・シマアオジ（南砺市利賀村 1993年５月17日・立山町弥陀ヶ原 1994年７月３日）

## 引用・参考文献


(1) 越ノ潟埋立地の環境を育む会．1988～1989．『越ノ潟だより』第１号～第７号．越ノ潟埋立地の環境を育む会

(2) 富山県．1999．『立山地区動植物種多様性調査報告書』．富山県

(3) 富山県自然保護課．1977．『とやまの野生鳥獣』．富山県自然保護課

(4) 富山県自然保護課．1980．『富山県の鳥獣』．富山県自然保護課

(5) 富山県鳥類生態研究会．2002～2012．ML野鳥情報．富山県鳥類生態研究会

(6) 富山県野鳥保護の会．1983．『とやまの探鳥』．富山県野鳥保護の会

(7) 富山県野鳥保護の会．1989．『富山県の鳥類』．富山県自然保護課

(8) 富山県野鳥保護の会．1989～1996．『愛鳥ニュース』第１号～第20号．富山県野鳥保護の会

(9) 富山県野鳥保護の会．1977～1996．『愛鳥』第１号～第33号．富山県野鳥保護の会

(10) 富山県野鳥保護の会．1995．『とりが鳥であったとき』．桂書房

(11) 日本野鳥の会富山県支部．1996～2010．『愛鳥ニュース』第21号～第77号．日本野鳥の会富山県支部

(12) 日本野鳥の会富山．2010～2012．『愛鳥ニュース』第78号～第84号．日本野鳥の会富山

(13) 日本野鳥の会富山県支部．1996～2010．『愛鳥』第34号～第62号．日本野鳥の会富山県支部

(14) 日本野鳥の会富山．2010～2012．『愛鳥』第63号～第66号．日本野鳥の会富山

(15) 日本野鳥の会富山県支部．1997．『富山でバードウォッチング』．桂書房

(16) 松木洋．1993．『新湊の野鳥』．新湊市教育委員会

(17) 松木鴻諮・富山県鳥類生態研究会．2005．『鳥たちの戦略』．桂書房

(18) 松田勉・富山県立山センター．2002．『立山の自然２．立山のライチョウ』．財団法人富山県文化振興財団

(19) 松田勉・富山県立山センター．2010．『立山の自然６．立山室堂・高山帯の鳥』．立山貫光ターミナル株式会社

(20) 松田勉．2011．「立山のライチョウ－30年の調査でわかってきたこと」『とやまと自然』No.135．富山市科学博物館

(21) 山本敏夫．1994．「日本におけるアジサシSterna hirundoの初記録」『日本鳥類標識協会誌』．日本鳥類標識協会

(22) 山本敏夫．「墓の木自然公園での野鳥の標識調査」．『黒部川扇状地』第21号．黒部川扇状地研究所

# あとがき

鳥を追いかけるようになったきっかけは、昭和56年、長野県戸隠でのイカルとの出会いでした。その美しい鳴き声に感動し、家に帰ってからすぐに野鳥図鑑を購入しました。それから30年、毎日のように鳥を見に出かける日々でした。部屋の壁一面に富山県地図を貼り、次はどこへ出かけようかと、よく思いをめぐらしたものです。

昭和58年、富山県野鳥保護の会から『とやまの探鳥』が出版されました。一人で鳥を見ていた私にとって、とても貴重な情報を提供してくれるガイドブックでした。この本の中に、「神社裏でフクロウをついに発見」と、当時のメモがあります。それを見るたびに、私の姿に驚いて逃げたフクロウのことを、まるで昨日のように思い出します。

この本を見て、鳥に興味を持つ人や自然は大切だと思う人が、一人でも多く増えることを願っています。また、私のように鳥バカ人生を歩む人が現れてくれないものかと期待しています。

この書の出版にあたり、素晴らしい寄稿をいただいた金子玲子さん・大菅正晴さん、素敵なイラストとマップを描いていただいた佐々木志真さん、シギ類・チドリ類・ライチョウ・立山の鳥についていろいろと教えていただいた富山雷鳥研究会事務局長の松田勉さん、大変な調査に連日のようにご協力をいただいた森百合子さん、富山県鳥類目録の作成にご協力いただいた日本野鳥の会富山調査部長の和田浩一さん、素敵な野鳥写真をご提供いただいた皆さん、探鳥地の情報提供や調査にご協力をいただいた皆さん、厚く御礼を申し上げます。

最後になりましたが、出版を快くお引き受けくださいました桂書房の勝山敏一代表、いろいろと助言をいただいた高野真一さんには大変お世話になりました。心からの感謝と御礼を申し上げます。

2012年10月

富山県鳥類生態研究会 代表　松木　鴻諮

# 著者紹介

●松木　鴻諮(まつき　ひろし)

1955年、富山県射水市（旧新湊市）生まれ。本名は松木洋（まつきひろし）。1981年、「日本野鳥の会」・「富山県野鳥保護の会」に入会する。富山新港東西埋立地・庄川下流域・射水丘陵・呉羽丘陵などで野鳥撮影を始める。1987年、「射水丘陵の自然と文化を育む会」の設立に参加。1988年、「越ノ潟埋立地の環境を育む会」の設立に参加、事務局長となる。富山新港西埋立地に野鳥園の設置を求める活動を始める。1995年、「日本野鳥の会富山県支部」の設立に参加、事務局長となる。1999年～2001年、「日本野鳥の会富山県支部」の支部長を務める。2003年、「富山県鳥類生態研究会」を設立。現在、代表を務める。

また、2007年より、フリーランスの野鳥写真家として活動を始める。『BIRDER』（文一総合出版）・『自然人』（橋本確文堂）・学校図書・野鳥図鑑・雑誌などに鳥類・哺乳類の写真を提供している。

著書に、『新湊の野鳥』（新湊市教育委員会 1993年）・写真集『とりが鳥であったとき』共著（富山県野鳥保護の会 1995年）・探鳥地ガイド『富山でバードウォッチング』編者（日本野鳥の会富山県支部 1997年）・『小杉町の自然』共著（小杉町教育委員会 2001年）・『日本海学の新世紀５・交流の海』共著（角川書店 2005年）・『鳥たちの戦略』編者（松木鴻諮・富山県鳥類生態研究会 2005年）などがある。

富山県鳥類生態研究会では、ホームページ『富山鳥研』画像掲示板を運営しています。是非、ご覧ください。http://jpdo.com/cgi26/52/joyful.cgi

●執筆者

探鳥地ガイド(32ヶ所)　・・・・・・・・・・・・・・・・・・・・・・松木鴻諮
富山新港東西埋立地に渡来したチドリ類・シギ類について・・・・松木鴻諮
一妻多夫で繁殖する鳥・・・・・・・・・・・・・・・・・・・・・・松木鴻諮
フクロウ類とミゾゴイの生息状況について・・・・・・・・・・・松木鴻諮
立山のライチョウについて・・・・・・・・・・・・・・・・・・・・松木鴻諮
富山市古洞池　県民公園野鳥の園・・・富山県野鳥観察指導員・・金子玲子
古洞池のタンキリ網(谷仕切網)・・・・富山県野鳥観察指導員・・金子玲子
有害鳥獣の捕獲について・・・富山県鳥類生態研究会事務局長・・大菅正晴

●イラスト・マップ（所属団体）

佐々木志真（日本野鳥の会富山）

●野鳥写真提供者（所属団体）

石黒亮子（富山県鳥類生態研究会）・上野久芳（日本野鳥の会富山）・大菅正晴（富山県鳥類生態研究会）・柴田樹（日本野鳥の会富山）・野村隆義（富山県鳥類生態研究会）・橋爪清（日本風景写真協会）・樋口雅彦（富山県鳥類生態研究会）・船山寿人（日本野鳥の会富山）・百澤良吾（富山県鳥類生態研究会）・松木鴻諮（富山県鳥類生態研究会）

●探鳥地の調査等協力者（所属団体）

| | |
|---|---|
| 高岡古城公園鳥獣保護区 | （吉野均・日本野鳥の会富山） |
| 呉羽山鳥獣保護区 | （山田稔・日本野鳥の会富山） |
| 城ヶ山公園 | （岡部信保・富山県鳥獣保護員） |
| 墓ノ木自然公園 | （吉野奈美・日本野鳥の会富山） |
| 行田公園 | （石黒亮子・富山県鳥類生態研究会） |
| 海王バードパーク | （高木良三・海王バードパーク元管理人） |
| 常願寺川河口鳥獣保護区 | （百澤良吾・富山県鳥類生態研究会） |
| 庄川下流鳥獣保護区 | （大菅正晴・中貞子・富山県鳥類生態研究会） |
| 縄ヶ池鳥獣保護区 | （山本信一・富山県鳥類生態研究会） |
| 桂湖 | （野上忠敬・富山県鳥類生態研究会） |
| 立山美女平・ブナ坂 | （田口松男・富山県野鳥観察指導員） |
| 立山弥陀ヶ原・松尾峠 | （田口松男・富山県野鳥観察指導員） |
| 立山室堂平 | （松田勉・富山雷鳥研究会） |
| 氷見海岸鳥獣保護区 | （野村隆義・富山県鳥類生態研究会） |
| 早月川・蓑輪地区 | （松井法子・富山県鳥類生態研究会） |
| 富山新港第２貯木場 | （藤田明・日本野鳥の会富山） |
| 小矢部川・二上橋下流域 | （瀧川務・富山県鳥類生態研究会） |
| 小矢部川・茅蜩橋下流域 | （森百合子・富山県鳥類生態研究会） |
| 福山大溜池 | （中山美紀・大野寿子・富山県鳥類生態研究会） |

バードウォッチングに行こう！

# 富山の探鳥地

2012年10月10日　初版

定価2,000円＋税

編　者　松木鴻諮

発行者　勝山敏一

発行者　桂書房

〒930-0103 富山市北代3683-11

電話 076-434-4600

振替 00780-8-167

印　刷　菅野印刷興業株式会社



ISBN978-4-905345-31-2　地方・小出版流通センター扱い